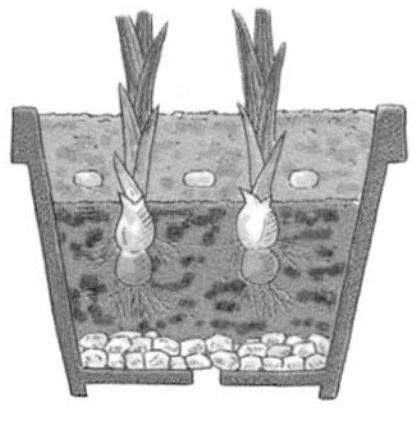

超圖解！

大判 これだけは知っておきたい園芸の基礎知識

園藝新手栽培大全

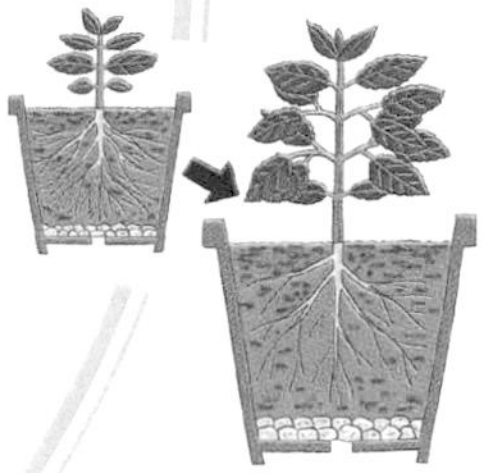

金田 初代／監修

審定序
陳坤燦

起心動念想種花？看了這本就能與植物締結長久而美好的關係！

不知道看到這篇文字的人，是怎樣開始有了想種花或是已經開始種花的契機？

看到花展、花店、路邊美麗可愛的花草而興起栽培的念頭？或是親朋好友、同學、同事、左右鄰居分享花草給你種？還是自己閒逛花市、花攤一時興起買下？

不管這個動念如何？有意無意之間，手上擁有花草植物就已經和他們締結一個美妙的關係。

這個關係該如何維繫下去？先別說自己是「黑手指」，種什麼死什麼！還沒開始養就先想到怎麼死，花草不該被這樣詛咒。請給自己一點機會、一些信心。

先花些時間認識他們的形貌與名字、從了解他們的習性開始吧！如此掌握基本的認識，才來接續下來的養護工作。或許要把他們種在比較大的盆裡或地上，然後正確地、適度地澆水讓他們活下去，先作到這裡就好，先求活再求好，能夠讓花草接續成長，靜賞他們挺枝向上、展葉迎光的活力，就會開始領略栽培他們的樂趣，如果還能開花、結果，那可真會讓栽培者樂上好一陣子呢。施肥、修剪倒是其次的工作，有作最好，沒作也沒關係。病蟲害等萬一遇到再說，先別花心思在那上面。繁殖則是進階的功夫，等「養得好」再來進行下一步「種更多」的事，如果真能走到繁殖出新花草給人種植的那一步，這分享的喜悅，是所有愛花人最快樂的事。

這本「超圖解！園藝新手栽培大全」，用大量圖片來解釋種植花草會遇到事，因為讀者對象設定是園藝新手，所以沒有艱深難懂的詞彙，只有淺顯易懂的「請跟我這樣做」，相信能夠讓人一看就懂。在編排上從植物基本型態開始介紹，然後依序是園藝用具、養土、基本種植、日常管理、繁殖、整枝修剪，從頭開始順著種植會遇到的事情一步步迎刃而解。後半則是嚴寒、溽暑會遭遇到問題的對策以及依照植物類別的栽培技術、病蟲害防治與園藝作業曆等加強的內容。最後還補充台灣可以參照的植物種類，以補充日本原書舉例的不足。

看吧！稍微翻過這本書之後，就能體會「種活花」這碼事並不會太難，就是一些不犯錯的原則而已。「種好花」則只是再多花點心思，用施肥、修剪等技巧讓他們可以花開得更多、果結得更豐碩，葉片長得更豐腴茂盛。相信這本書的問世，可以藉此領略到種花的樂趣，體會到人與植物之間美妙的關係。

❖ 園藝研究家、「愛花人集合！」版主 陳坤燦

喜歡研究及拍攝花草，致力於園藝推廣教育。現任職於台北市錫瑠環境綠化基金會。部落格「愛花人集合！」版主，發表園藝相關文章一千餘篇，堪稱花友及網友最推崇的園藝活字典。著有《愛花人集合!300種最新花卉栽培與應用》等園藝著作。

Blog：愛花人集合！
http://i-hua.blogspot.tw/

推薦序
洪明毅

園藝栽培的「眉眉角角」都在這裡！蒔花弄草必備的一本圖解百科

現代人大多住在都市，即使在看似水泥叢林的城市生活中，也是可以利用周遭空地、騎樓、陽台等，種植一些花草樹木，甚至在頂樓建置屋頂花園，種植一些蔬菜水果，除了享受園藝的樂趣外，還可以「自產自銷」，把親手栽種植農作物吃下肚，那種成就感是每一個「都市農夫」最滿足的收穫。

然而，園藝種植看似簡單，實際上卻有許多的「眉眉角角」，需要長時間的摸索熟悉。我在接受民眾詢問植物病蟲害時，發現看似生病的植物，但實際上卻超過一半是導因於「種植技巧」不佳或錯誤，造成植物生長勢衰弱、體質不佳，才進一步受到病蟲害的侵染。也因為這樣，初次成為「種植者」的新手，只是疏忽一些小步驟，植物才會總是生長不良、外觀不佳，甚至植株死亡、全無收成，心中充滿了挫折，最後成為了「黑手指」，覺得自己什麼花都種不好，失去了興趣。

《超圖解！園藝新手栽培大全》就是一本圖解所有「你想知道的眉角」的園藝百科，本書羅列所有的種植細節，分成八大段落，從工具的準備、定植、照顧技巧、繁殖、修剪，甚至是季節性的照顧及病蟲害防治，都有詳細的STEP BY STEP圖文解說，配合又大又清楚的照片，就算是初次種植的新手，也可以跟著本書學習種植技巧，所有的「眉眉角角」一次到位。

我幫民眾、企業及園藝業者進行植物健康檢查及病蟲害防治已久，在解說種植觀念及技巧時，總覺得有「言語難以形容」或「如果有圖解就好了」的困擾。《超圖解！園藝新手栽培大全》一書的內容不但豐富，也請到陳坤燦老師審定及校正，技巧及細節更符合台灣的風土環境。這本書的翻譯付梓，我多次閱讀仍獲益良多，心中總想著「如果早點出版就好了」，其豐富的照片及圖文，也解決了我解說上的遺憾。因此，我不只推薦給「園藝新手」，也值得推薦給已經熟捻「拈花惹草」的種植者們，都能從本書豐富的內容中再次受益。

❖ 臺大植物醫學團隊 外診植物醫生 洪明毅

臺大植物醫學碩士畢業，是臺灣首居的碩士植物醫生，專長植物病蟲害診斷、家庭園藝栽培、樹木醫學，為各機構、農園與私人庭院進行樹木病蟲害鑑定與防治工作。曾在建國花市駐診，經常受邀至社區大學、企業開課，以及接受媒體訪問諮詢。著有《請問植物醫生：居家植物病蟲害圖鑑與防治》。

e-mail：hungmingyi@gmail.com
Blog：http://hungmingyi.blogspot.tw/

推薦序
梁群健

以圖解方式，活化園藝栽培知識，讓種花變得更簡單，綠手指就是您了！

榮幸的為《超圖解！園藝新手栽培大全》這本書寫推薦序，先恭喜園藝愛好者，能夠擁有內容充實又豐富的知識，依循著書本中推薦的做法，落實每一個園藝管理的方式，下一位園藝達人綠手指就是您了！翻閱過的每一章節彷彿再溫習一次自己學習園藝的歷程，躍然於眼前竟然只是一本書而已，園藝的五花八門，都集結在各章各節，以深入淺出的方式介紹給各位。

栽花種草的開始，作者以植物分類及基礎知識的引導，建立大家對植物有統一的概念及認識。接著在園藝作業會使用到的工具及器械，都有著詳盡的介紹及使用保養的方式。所謂工欲善其事必先利其器，在書本的章節安排裡看見作者的用心與鋪陳。隨著章節的前進，認識介質、回收舊土等等。最喜歡的便是如何製作腐葉土？臺灣回收樹葉真的不難，透過分解及腐熟的過程，腐葉土成了栽花種菜有機質最佳的來源。

大量單元依照各類植物，如蔬菜、花卉、香草以及花木等等簡介照護的方式，包含繁殖、修剪、防曬、防寒等措施，都依照植物的需求做說明。還與大家分享如何簡易判斷植物是否生病了，處於不健康的狀態。值得一提的是全書還詳附專有名詞的介紹，讓大家也能學會行話和專業術語，在園藝專業領域中建立更深厚的認識。最後依著時序的春、秋、夏和冬，植物的居家管理該如何進行，新手們也無需擔憂，跟著園藝栽培曆指示，做好各項園藝管理工作，在季節的更迭裏，管理好自家小花園。

超級實用的一本工具書，在種花體驗自然的當下，以大量圖解的方式，活化了文字說明，讓不容易說明的理論和知識，一看就知道！種花真的不難，只要大家願意跟著做了一回，讓知道變成做到，在起而行之後，會發覺庭園美了、花木扶疏了，原來美好的力量不在遠方，就在自家庭前的小花園裡。

❖ 臺大農業試驗場 技士 梁群健

臺大園藝系研究所畢業，現任臺大農場技士，對植物知識兼具理論與實用派，並擅長園藝景觀維護。長期擔任社區大學講師，教導居家、環境綠美化相關課程。著有《1盆變10盆 扦插種植活用百科》、《零失敗！種子栽培全學習—播種．採種．育種圖解入門》、《空氣鳳梨輕鬆玩 地球最強！懶人植物之王》。

FB粉絲專頁：幸福花園i手作

目錄

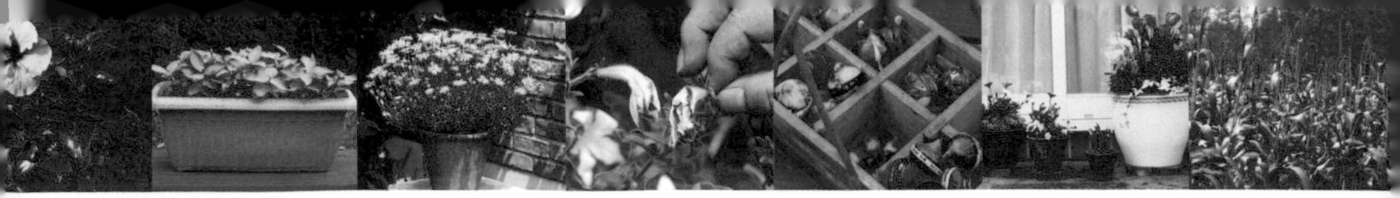

part 7 各季節的照料與管理

part 8 病蟲害的預防與對策

附錄 園藝栽培守則

中文版特別收錄 園藝新手植物栽培圖鑑

植物的分類

植物，依各式各樣的特徵被分成多種類群，而在園藝栽培上，則是按照花、葉、果實等觀賞目的來分類。有別於植物學的分類，園藝分類是基於栽培上的要點來歸納，除了視其存活時間的長短與栽培的共通性，大致區分出的「一、二年生草本植物」及「多年生草本植物、樹木」之外，還有多肉植物、觀葉植物、蘭科等用途上的分類。

另外，也有根據草、木等生長型態來分類。植物的莖內具有運輸水分及養分用的維管束，維管束中運輸水分的木質部發達、莖幹堅硬的稱為「木本植物」；反之，木質部不甚發達、莖部質地柔軟的則稱為「草本植物」。

一年生草本植物

播種後一年內會開花、結果，然後枯死的植物，稱為一年生草本植物。春天播種，夏天到秋天開花，冬天枯死的稱為「春播一年生草本植物」；秋天播種，隔年春天開花，夏天枯死的稱為「秋播一年生草本植物」。只不過，也有金魚草、香雪球、一串紅這類原屬多年生草本，因無法適應栽培地域的氣候，而被當作一年生草本來照料的植物。

二年生草本植物

秋天或春天發芽，第一年的夏天只生長不開花，第二年才開花、結果，然後枯死的植物。

樹木

反覆開花、結果，持續生長多年，莖部變粗形成枝幹的植物稱為樹木。

多年生草本植物

不會一年就枯死，存活期超過兩年，且持續維持草的型態不會長成樹木的稱為多年生草本植物。多年生草本植物中，有春天到秋天開花，冬天莖葉枯萎僅剩根部，到了春天萌芽的「宿根性草本植物」，以及具有肥大的地下部，藉此承受不適生長之炎熱或寒冷環境的「球根植物」。

芍藥
芍藥到了冬天，地上部會枯萎進入休眠狀態，地底下殘留根與芽，等到隔年春天再開始生長。

風鈴草
原產於歐洲南部的春播二年生草本植物，在５～７月，粗莖上會盛開許多斜斜向上的鐘型花朵。

一串紅
原產於巴西，原屬多年生草本植物，但因不耐寒冷，在園藝上將其歸類為春播一年生草本植物。註 台灣在涼季栽培。

鬱金香
鬱金香儲存養分的球根呈小洋蔥狀，屬於鱗莖類。

櫻花
栽種在庭園作為觀賞用的樹木，不只花朵，樹木的姿態、葉片的顏色及形狀，也都極具觀賞價值。櫻花會在特定季節綻放，是充滿濃郁季節感的樹木。

姑婆芋
以欣賞葉片為主的植物，葉片的顏色、模樣、形狀極具觀賞價值。大多原產於熱帶及亞熱帶地區。

嘉德麗雅蘭
雖然以原產於熱帶到亞熱帶地區的溫室栽培種為主，但是也有春蘭、虎頭蘭這類在戶外栽培、冬天再移至室內越冬的東方原產蘭花。

仙人掌
原產於沙漠等乾燥地帶，為了忍耐乾旱，莖葉演化成肥大能夠儲存水分的型態。

植物各部位的名稱

植物的各部位都有獨特的稱呼方式，在園藝作業上很重要，請務必熟記起來。

另外，球根植物有各式各樣的形狀，各自也有獨特的名稱。

草本植物

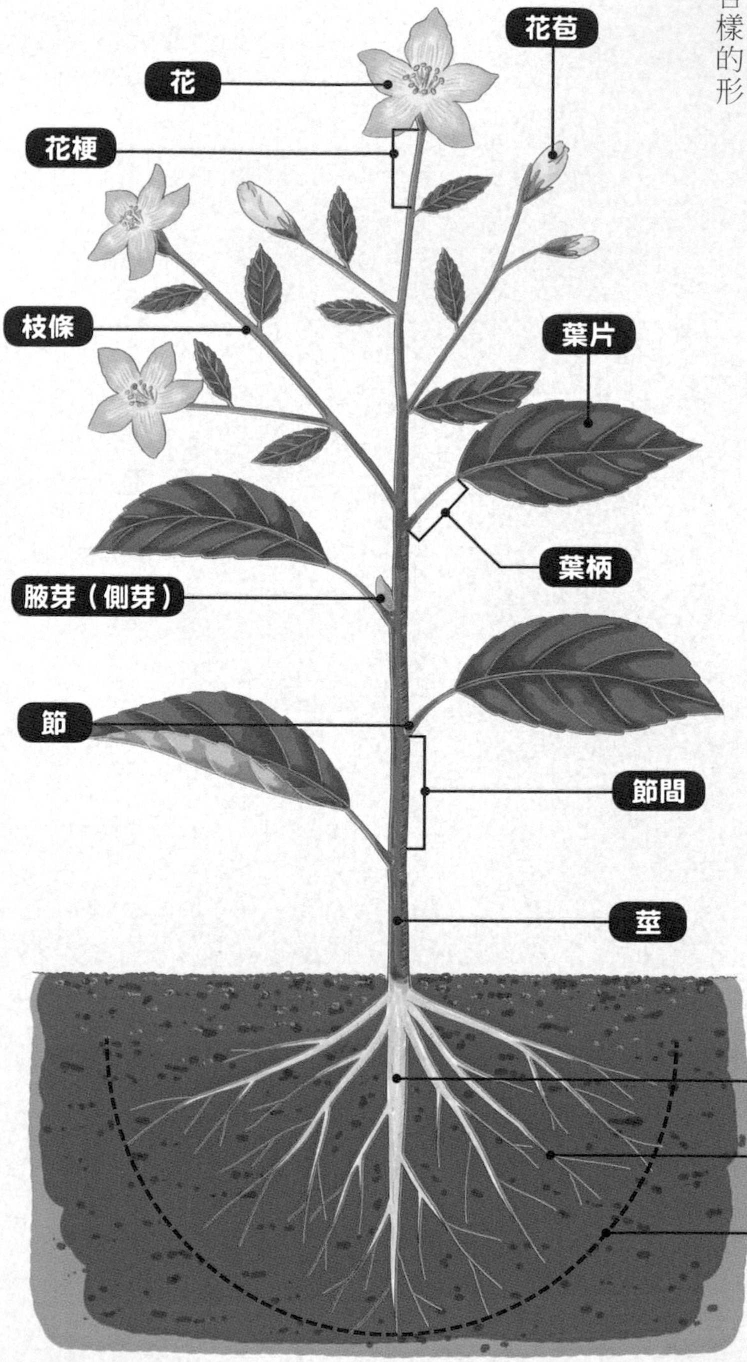

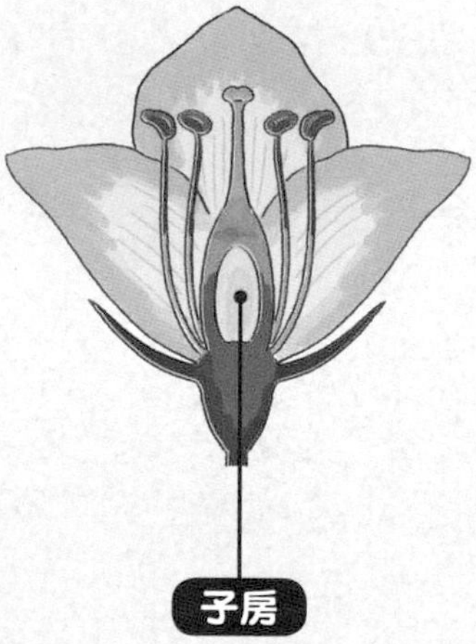

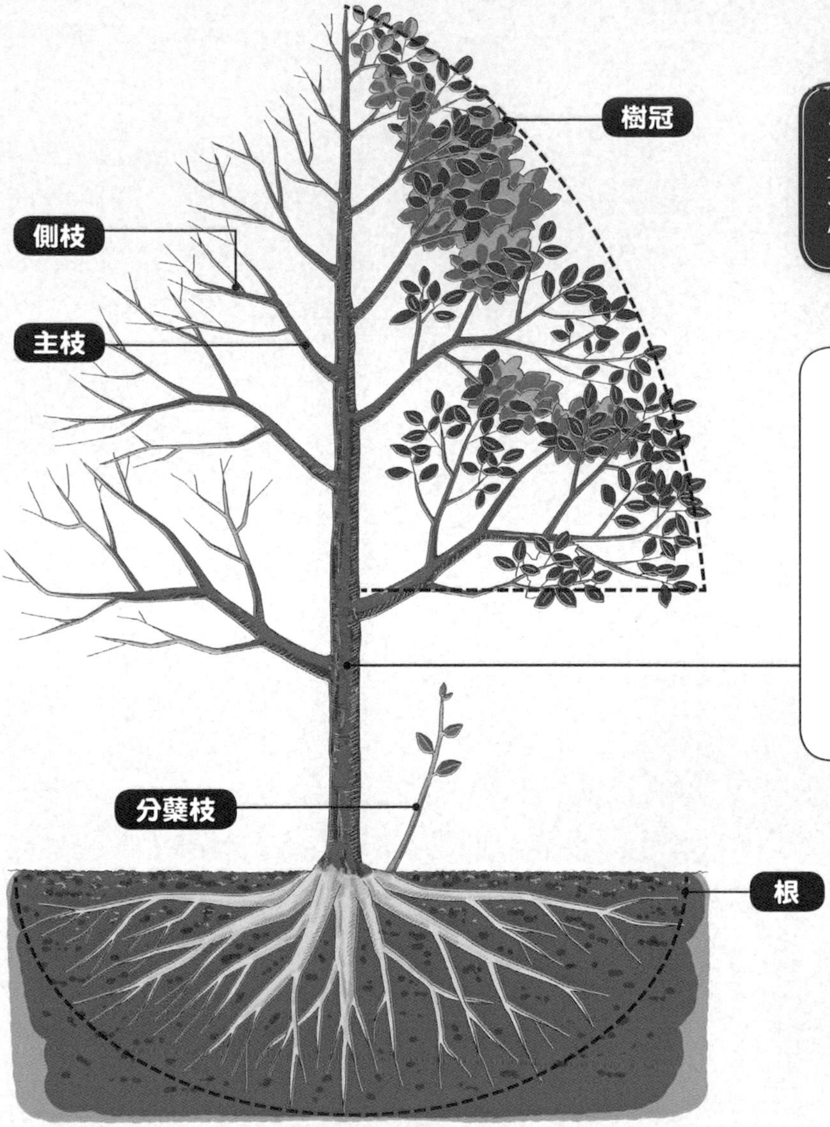
樹冠
側枝
主枝
分蘗枝
根

木本植物

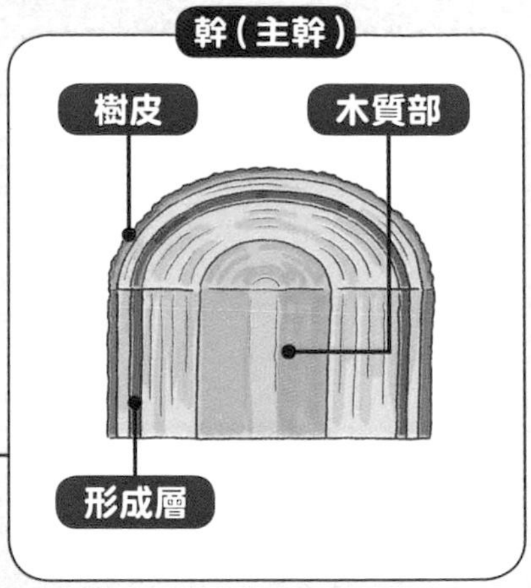
幹（主幹）
樹皮
木質部
形成層

球根植物

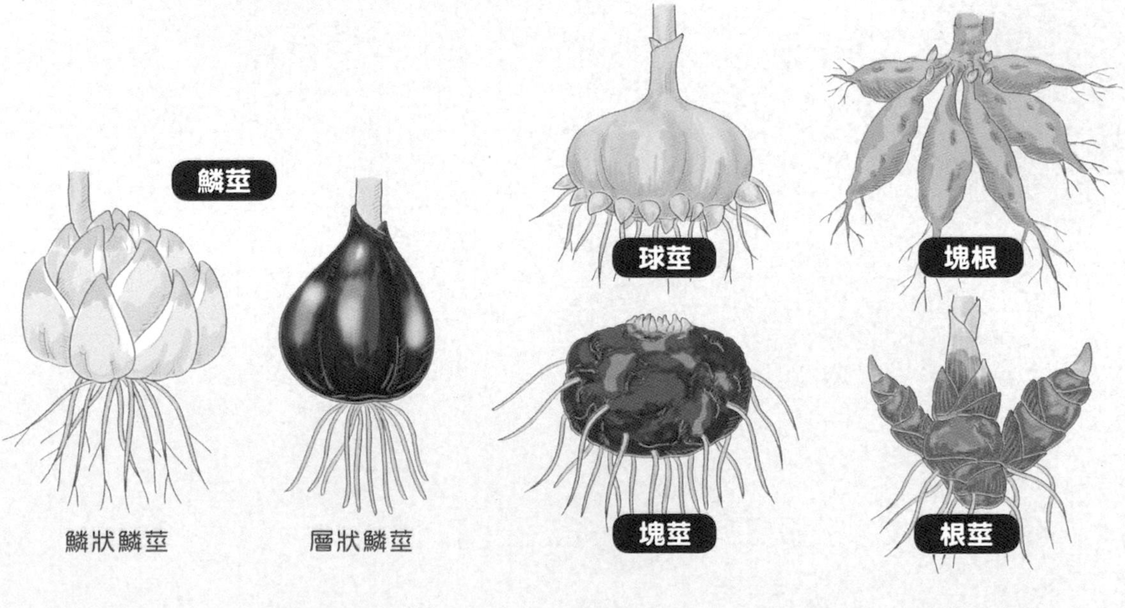
鱗莖
鱗狀鱗莖
層狀鱗莖
球莖
塊根
塊莖
根莖

植物的生命週期

植物從播種到發芽，從休眠到甦醒開始發芽、開花，這個生長過程有著既定的模式。只不過，因為原產地氣候上的差異，植物的生長模式並不完全相同。

例如秋播型的植物，若是在春天種植可能會導致枯萎。為了避免種植失敗，事先了解欲栽培之植物的生命週期及生長模式是很重要的關鍵。

向日葵（一年生草本）的生命週期

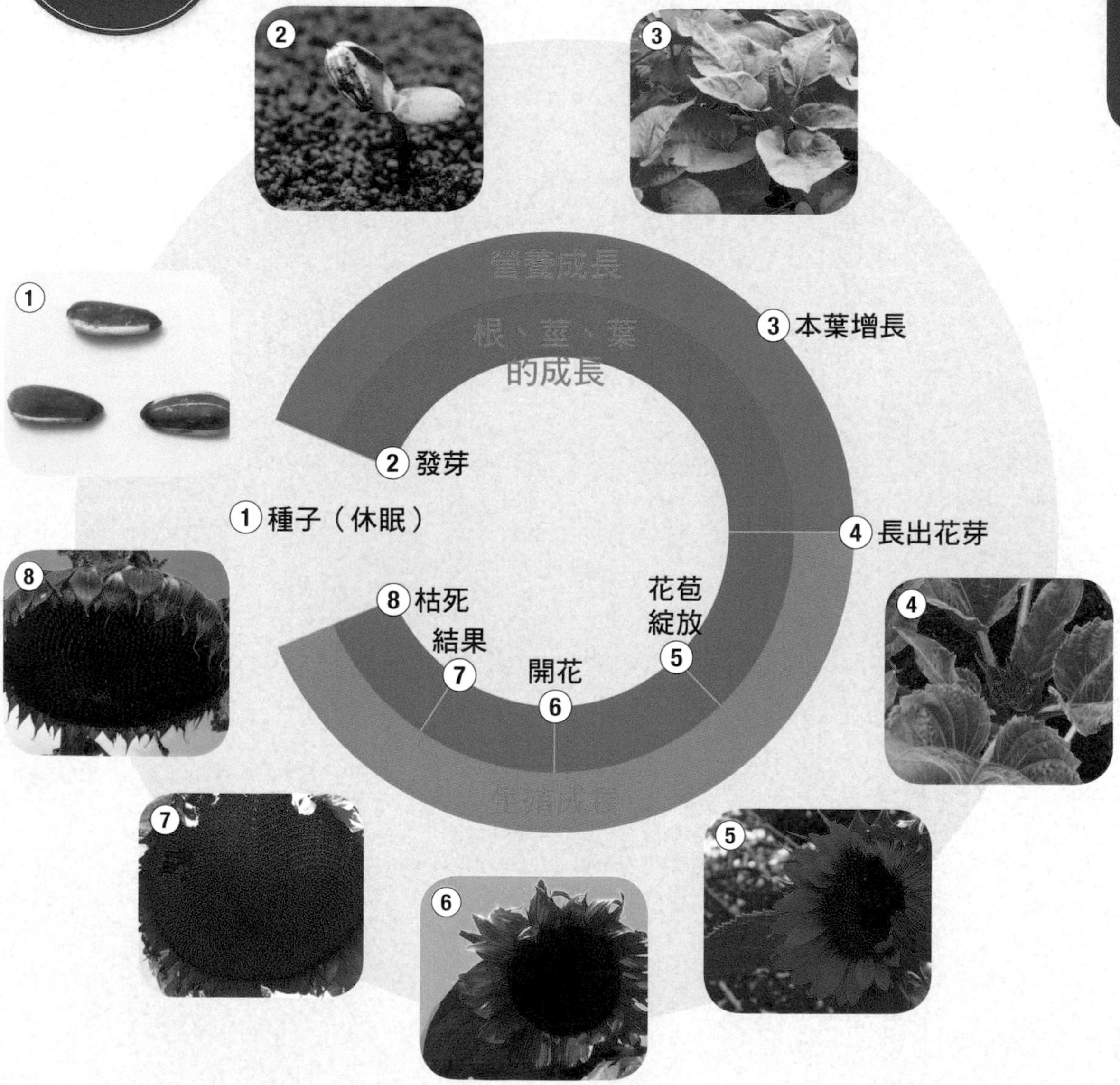

part 1

建議事先備齊的園藝工具

整地、種植的道具

種植，指的是土壤耕作、混合肥料的整地作業之後，在植栽床挖掘植穴、種入植物的作業。這一連串作業不可或缺的工具就是園藝用圓鍬。鍬頭尖細，鏟面上緣可供腳踩施壓，可用來鏟土、碎土、挖洞，用途非常廣泛，比土木用的輕巧短小是其特徵。

鏟面呈四方形的方鏟，可用來整平土壤、混合介質。鋤頭除了耕作之外，還可用來弄碎土塊、施放基肥、替菜園作畦，家中若備有一把小型鋤頭會很方便。

帶有齒梳狀刀刃的耙，可用來把耕犁後的土壤耙平、除草、集中碎石。

定植作業的必備工具是手鏟。除了在植栽床挖掘植穴、種苗之外，移植小植株、挖出球根，或是小範圍淺耕時也可使用。

整地工具的挑選重點

整地工具除了挑選堅固耐用的款式，還要選擇符合自己體格且順手的尺寸，會讓作業更容易進行。還有，鏟子是混拌用，圓鍬是挖掘用，用途上也有所差異。

鋤頭

平頭鋤是最具代表性的種類，可用來耕田、作畦。也有附加 3、4 根齒刃的雙頭鋤。

圓鍬

前端尖細故也稱為尖鏟。鏟面上緣可供腳踩，藉此加壓施力插入土中。

方鏟

翻攪土壤的工具，在調配介質、往大型盆器填裝介質時很好用。

耙

除了用來替耕犁後的田地及花圃整地，利用齒梳狀的釘爪，還可將除下的雜草集中堆放。

手鏟的挑選重點

手鏟，主要是在移植幼苗時使用的工具，把植株挖起來時，也會挖出硬土，因此請挑選沒有什麼傾斜角度，與握柄確實接牢的產品。

沒有角度的手鏟

握柄與鏟面沒有傾斜角度的手鏟，適合用來刺進土中將其挖起。

memo

手鏟握柄與鏟面一體成形的款式，鏟面容易彎曲，因此適用於軟質土。

因為是經常使用的工具，購買時請挑選好握順手，握柄與鏟面緊實接牢、堅固耐用的品項。若預先備齊寬面型及細長型這兩種手鏟，還可根據根團的大小靈活運用。

此外，若要在庭園栽種或移植花木及果樹，因為挖掘深度及範圍較大，還必須準備好圓鍬。

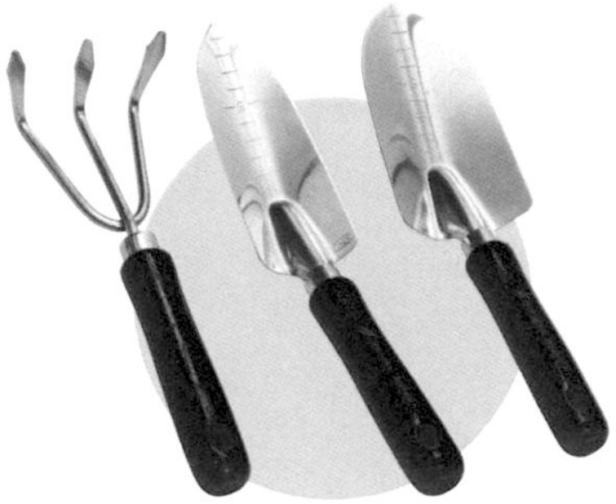

手鏟及三爪耙

手鏟有分寬面型（右）與細長型（中），可根據用途區分運用。三爪耙在挖掘狹小面積的土塊時很好用。

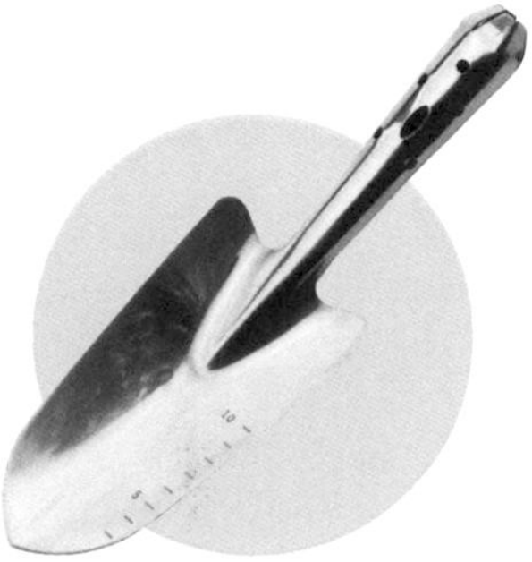

附刻度的手鏟

鏟面附有刻度的手鏟，在種植球根時可用來測量挖掘深度，或是測量植株之間的距離，非常方便實用。

園藝知識補給站

勤於保養工具

為了讓重要的工具長久耐用，請務必勤於保養工具。使用完畢的圓鍬或手鏟等工具，當天務必把附著的土清洗乾淨。

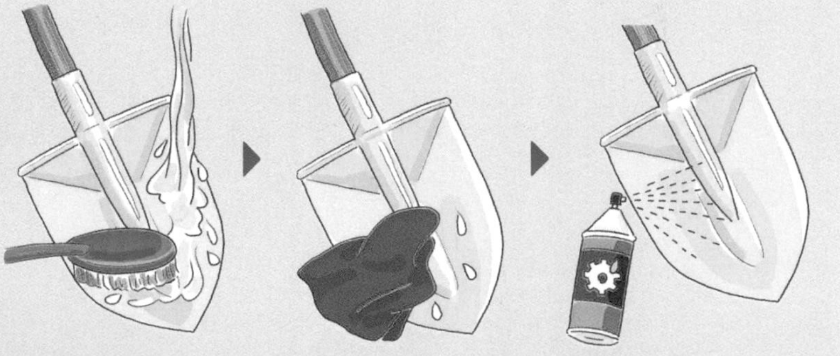

1 用流動的水沖刷掉附著的泥土。

2 為了防止生鏽，請務必確實擦乾水分。

3 塗上防鏽劑或金屬保護油後妥善保管。

關聯項目 整地→P38／定植→P58／中耕→P94／培土→P100

澆水的器具

戶外植株的給水，基本上是使用蓮蓬頭灑水壺，以較弱的水流緩緩地淋在植株基部。在此重要的是出水用的「蓮蓬頭」，洞孔愈細小，水勢愈溫和。

蓮蓬頭能夠取下的款式非常方便好用。藉由調整蓮蓬頭的方向，即可改變出水方式，容易堆積在洞口的垃圾也便於清除。

要替大型庭園、草皮及庭園樹給水時，將水管接上可調節出水的噴水槍後使用會很方便。若用水管車捲起來收納，不僅可避免水管扭曲彎折，且收納後整齊不占空間。

室內盆栽的給水，使用的是細嘴水壺。為了能夠緩緩地往植株基部澆水，建議挑選澆水管長、注水口細的款式。

澆水工具的種類與用法

澆水工具是平時經常用到的東西，挑選耐用順手、方便使用的款式很重要。

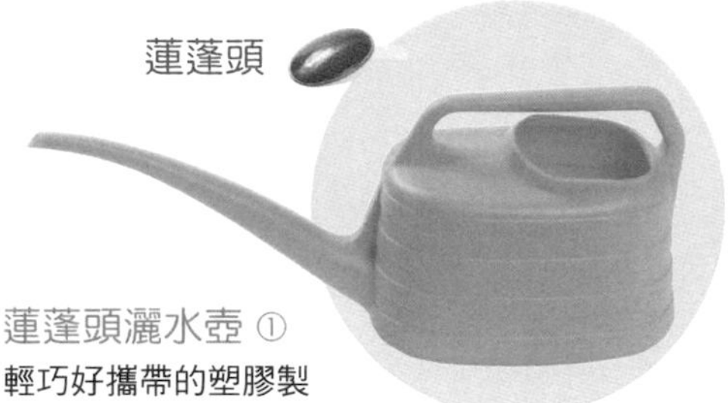

蓮蓬頭灑水壺 ①

輕巧好攜帶的塑膠製品，是最一般的灑水壺。建議挑選蓮蓬頭可取下的款式。

蓮蓬頭灑水壺 ②

旋轉前面的蓮蓬頭，可切換澆淋或沖壓給水方式，前後滑動把手可傾斜壺身，讓澆水更輕鬆。

盆栽用灑水壺

附有防水鏽及垃圾的濾網。澆水管長且注水口的洞孔細小，可給予穩定細密的水量。

水管車

避免水管扭曲彎折的收納器具。有手把式及腳踏式收捲這兩種類型。

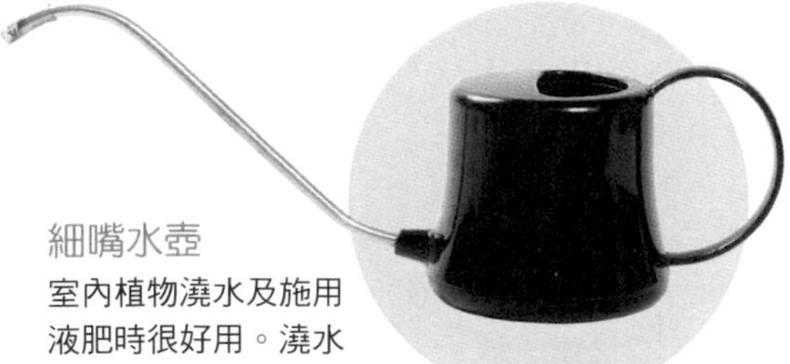

細嘴水壺

室內植物澆水及施用液肥時很好用。澆水管細長，易於往植株基部澆水。

蓮蓬頭灑水壺的使用方法

替生長後的植株澆水

蓮蓬頭朝下，集中從葉片上方大量給水。

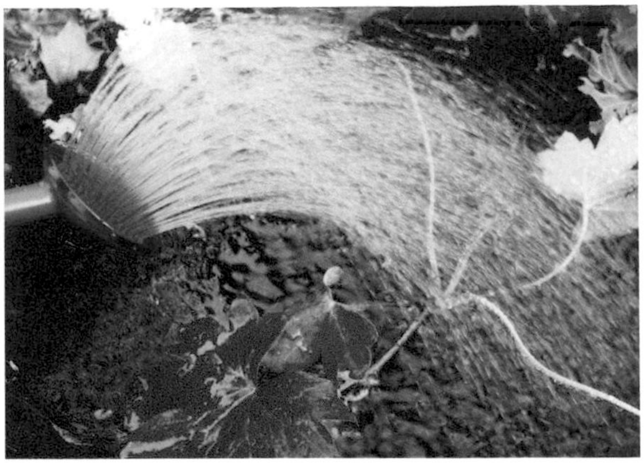

替播種後的苗床及小苗澆水

蓮蓬頭朝上，可大範圍地柔和給水。

替開花中的植株澆水

取下蓮蓬頭，注水口抵在手掌上，避免淋到花朵地往植株基部澆水。

噴水壺 ①

建議挑選單手即可輕鬆按壓手把的款式。不可與藥劑混用。

噴水壺 ②

用來給予莖葉細密霧狀的水分，或是播種後防除葉蟎。

小型噴水壺

玻璃製的時尚噴水壺。用作室內擺飾也很不錯。

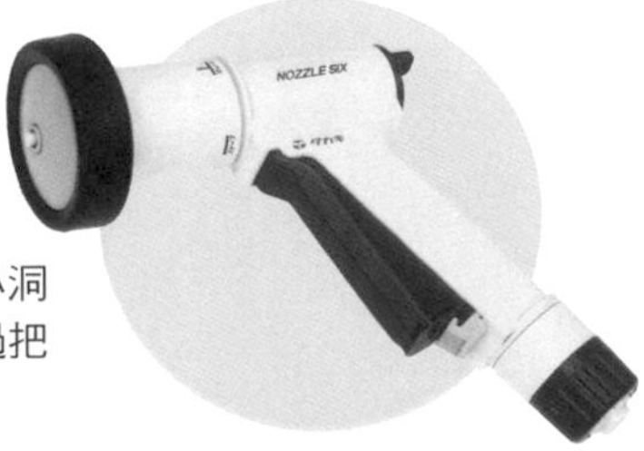

噴水槍

與灑水壺的蓮蓬頭一樣有細小洞孔，接在水管上使用。可透過把手出水或止水的款式為佳。

memo

馬口鐵製的老舊灑水壺，用來點綴花園也很棒。

關聯項目 澆水 →P72／夏季對策 →P184

修剪植物的工具

園藝的「修剪」作業，包括剪除過長的樹木枝條及花草莖葉、剪掉殘花、修整綠籬等等，依照不同的修剪需求挑選對應的工具，可讓作業更有效率。

其中最常用到的是園藝萬用剪，可用於剪除細枝及莖葉、切花等細微的作業。

要修剪直徑2公分以下的粗枝可使用剪定鋏，若要修剪較粗的枝幹時，則使用園藝鋸。由於與木紋垂直橫鋸的刀刃只有單邊齒鋸，加上前端較細，因此修剪繁密枝條時，可避免傷及周圍的枝條。

修整較高的樹木時，長柄的高枝剪非常好用；修剪庭園樹與綠籬時，刀刃大的修枝剪是不可或缺的工具。

刀剪及鋸子的種類與用法

修剪作業必備的是刀剪及鋸子。購買時請在店家實際拿拿看，確認握起來的感覺，挑選順手的款式。

修枝剪的用法

刀刃與修整面呈水平，其中一隻手固定不動，只動另一隻手地進行修剪，可避免刀刃晃動，讓修整結果更美觀。

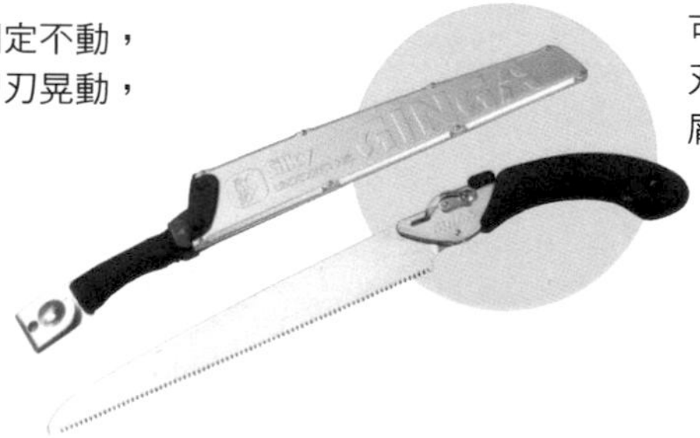

手鋸

握把帶有角度，單手即可輕鬆操作。另外，刀刃齒鋸較粗，可避免鋸屑堵塞。

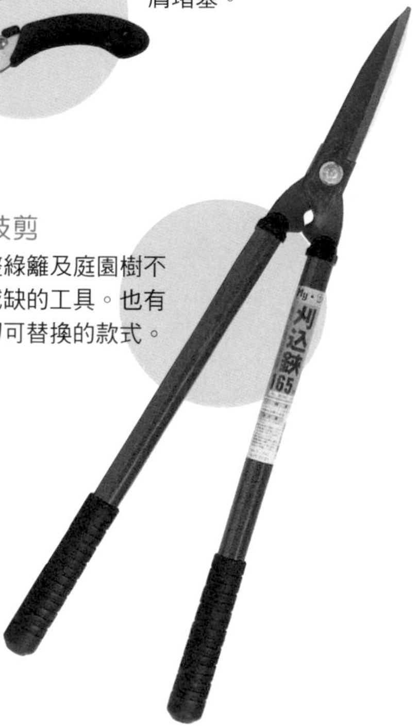

修枝剪

修整綠籬及庭園樹不可或缺的工具。也有刀刃可替換的款式。

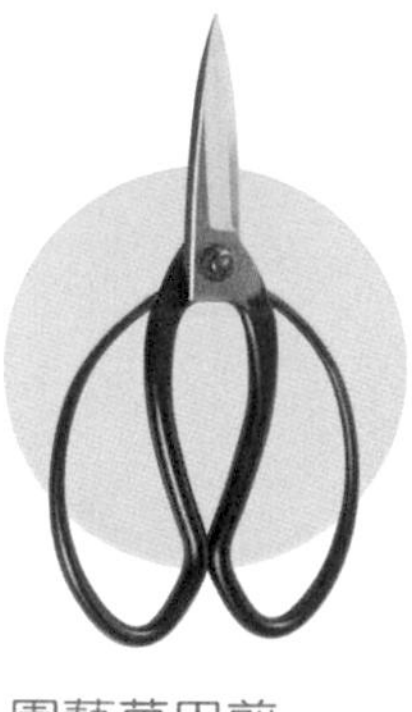

園藝萬用剪

適合修剪細枝及葉尖等細微作業，也可修剪直徑 1 公分以下的枝條。

memo

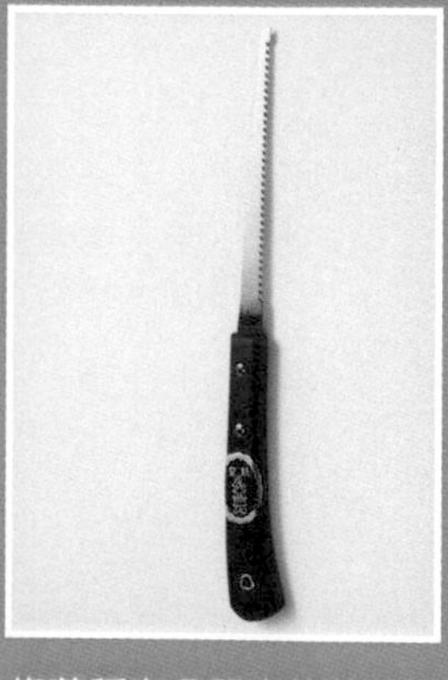

修剪種在盆器中的花草細枝時，備有一把盆栽鋸會很方便。

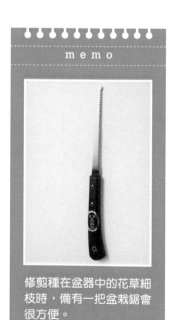

剪定鋏的種類與用法

一般常用的交錯式（bypass）剪定鋏，是藉由兩片刀刃的交叉來修剪枝條。請挑選大小、形狀及重量順手的款式。

剪定鋏的用法

刀刃細窄且厚的稱為「受刃」，另一邊刀刃薄而鋒利的稱為「切刃」，切刃在上地鋏住枝條轉動，略粗的枝條也可輕鬆剪除。

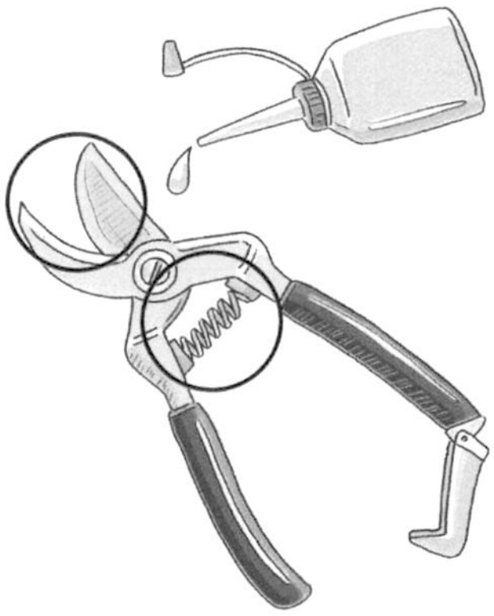

工具的養護

使用後的剪定鋏會附著樹汁，置之不理會生鏽，請務必擦除汙垢，並且用機械油潤滑刀刃及彈簧。

剪定鋏 ③
從法國的葡萄剪刀改良而成的交錯式剪定鋏，是最常用的類型。

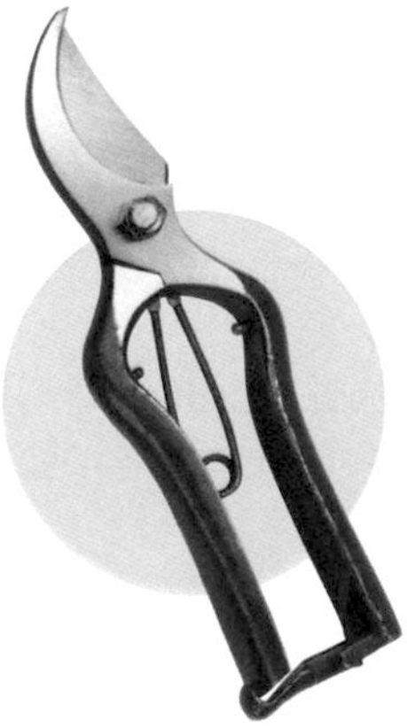

剪定鋏 ②
交錯式，從細枝到直徑約 2 公分的枝條皆可修剪。

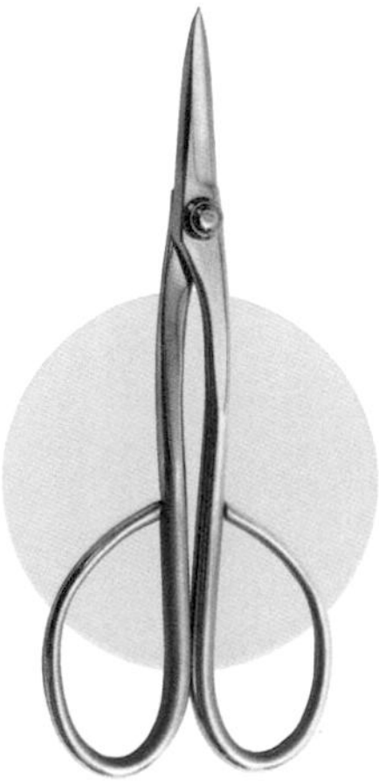

剪定鋏 ①
適用於細枝的截剪及修剪，以及殘花修剪等細微作業。

園藝知識補給站

園藝鋸必備的原因

木作用的鋸子兩側都有刀刃，在修剪交錯的枝幹時，容易因此傷到其他枝幹。園藝用的鋸子只有單邊刀刃，刀尖細圓利於切入狹窄部位，輕便好用。

兩側都有刀刃的木作用鋸子，會傷到上面的枝條。

只有單邊刀刃的園藝用鋸子，不會傷到其他枝條。

關聯項目　開花後修剪 →P90 ／回剪 →P92 ／截剪 →P106 ／定植 →P46 ／整枝、修剪 →P151

輔助除草的工具

徒手拔除雜草，會讓除草作業格外辛苦，輔助除草的專用工具非常多，靈活運用可讓除草更有效率。

若是剛長出來、高約2~3公分的雜草，可使用除草專用鋤頭，以耙土方式將雜草連根剔除。長木柄三角鋤的握柄長，站著就能使用，對腰部的負擔減少，較為輕鬆；除草鋤雖然需要蹲著使用，但由於刀刃彎曲，故當花草繁茂時，仍可用刀尖插入雜草根部將其挖起，要移植花圃的部分植株時也可使用。

生長過後的雜草，可用鐮刀從基部割除。其他還有除草叉或除草鏟等工具，可用來一根一根拔除草坪中的雜草。

除草的重點

雜草會掠奪養分，或是變成病蟲害的孳生源，因此在植物播種前，先善用各種便利的工具將雜草清除，盡量不要依賴除草劑。

長木柄三角鋤

附有長柄的除草工具。使用刀刃前端剔除雜草的根，也可用來中耕或培土。

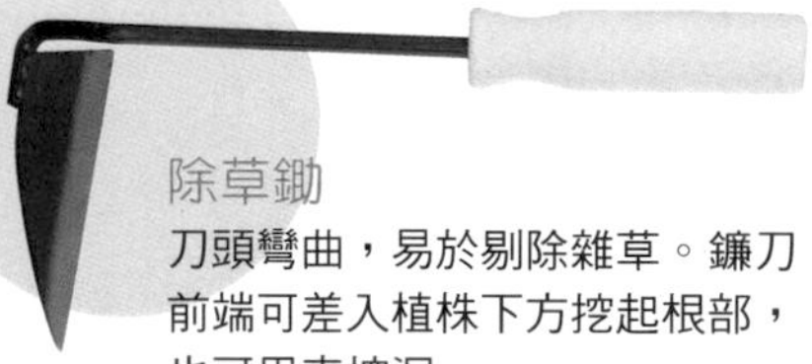

除草鋤

刀頭彎曲，易於剔除雜草。鐮刀前端可差入植株下方挖起根部，也可用來挖洞。

鋸鐮刀

刀刃如同鋸子，除了割草外，也可切除細竹或細小的分蘗枝。

割草刀

除了割除庭院及田地的雜草，也可用來割除生長過後的植物。

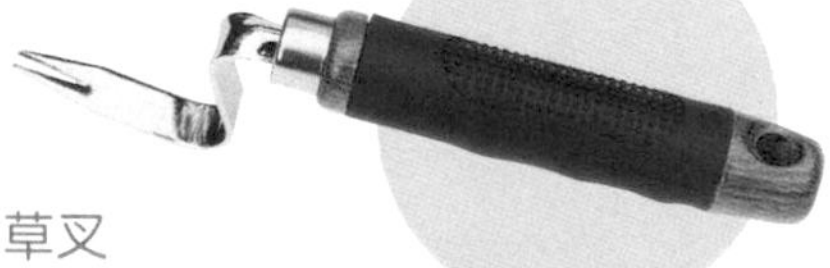

除草叉

刀刃插入植株下方連根拔起。主要是用來替草坪除草，也適合用來替盆栽除草。

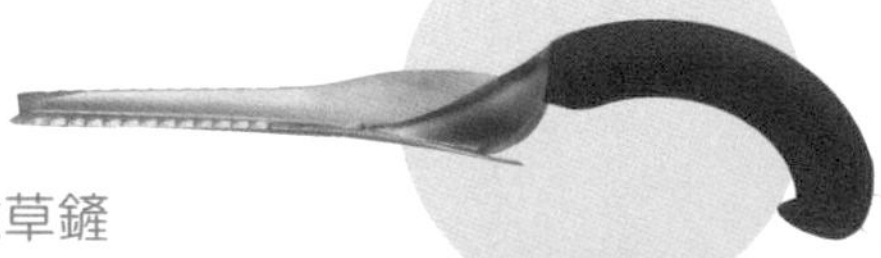

除草鏟

鏟頭細，且帶有鋸子般的齒鋸，輕鬆就能拔除雜草。握把粗，不太需要使力就能使用。

土壤水分計

測量盆土剩下多少水分，方便知道何時該給水。

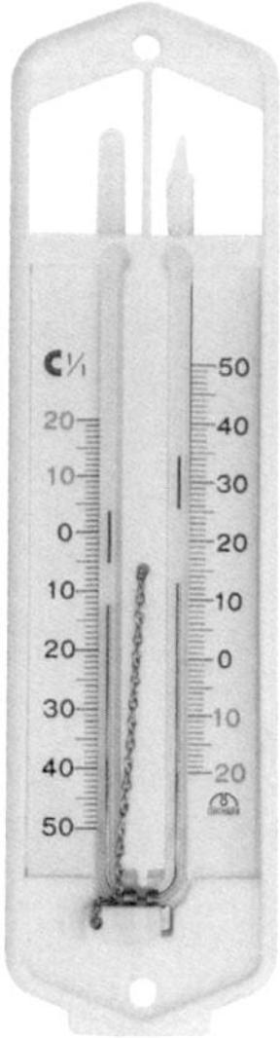

最高最低溫度計

表示一日最高溫度及最低溫度的溫度計。

讓植物栽培更順利的儀器

根據植物的特性，將環境的氣溫、濕度、土壤含水量調整為適當的狀態很重要。如果備有可同時測量溫度及濕度的溫濕度計、可表示一日最高溫度及最低溫度的最高最低溫度計、以及可知道用土乾燥程度的土壤水分計等儀器，可讓作業更確切地施行。

讓園藝作業更舒適的物品

防止泥巴弄髒的園藝用圍裙、手套、可整雙沖洗的靴子、可收納整理園藝工具的收納包、遮陽帽、袖套，若有這些物品會讓作業更舒適。

輪凳

可以坐著直接移動，長時間的庭院作業時很方便。

工作靴

短筒靴方便穿脫，整雙清洗後也較快乾。

打洞器

要在狹窄間隙內種植球根時，可避免破壞周圍用土地挖出植穴。

讓園藝作業更有效率的器具

整地時，為了篩選土粒、去除小石頭及老根，若備有網目大小不同的園藝用篩網會很方便。

在陽台作業時，若有園藝用的托盤或工作墊，可防止用土散亂。

提籃

可用來培育幼苗，要將苗集中移動時也非常好用。

園藝用篩網

建議挑選可依土粒篩選、覆土使用、垃圾去除等不同目的更換篩網的款式。

關聯項目　中耕→P94／培土→P100

盆器（栽培容器）

用來栽培植物的容器統稱「盆器」，花盆及長花槽都是盆器的一種。由於形狀、材質、大小種類繁多，因此配合植物的特性及用途來挑選盆器非常重要。

花盆除了黏土燒製而成的素燒盆及陶盆之外，還有木製盆、塑膠盆等各種材質。

素燒盆的透氣性、排水性佳，適合用來栽種大部分的植物，缺點就是容易破損。塑膠盆質輕耐用，但是盆土不容易乾，因此給水時須格外留意，避免過度濕潤。

主要是塑膠製成的長方形盆器稱為長花槽，顏色及形狀豐富多樣，甚至也有瓦盆風格的款式。

盆器的種類

盆器大致可區分為花盆、長花槽、吊盆／壁掛盆這 3 種，以及其他的專用盆，材質也非常多樣，但主要以塑膠及陶瓦為主。

藝術陶盆

本來指的是義大利製的素燒盆，現已演變成歐風素燒盆的統稱。通風性及排水性略遜於素燒盆，但款式設計豐富，適合觀賞用。

駄溫盆、朱泥盆

以 1000°C 左右的高溫燒製而成，盆緣上方有施釉藥的是駄溫盆，沒有的則是朱泥盆。通風性及排水性略遜於素燒盆，且較硬容易破損。

素燒陶盆

黏土不施釉藥，以 700 ～ 800°C 的低溫燒製而成。通風性及排水性佳，因此也適合用來栽種根部容易腐爛、性喜排水性良好之土壤的植物，以及不耐夏季暑熱的植物。

吊盆、壁掛盆

懸掛用的盆器，用來懸吊裝飾蔓性植物時使用。盆土容易乾，不適合不耐乾燥的植物。

釉盆（瓷盆）

素燒盆施釉藥後燒製而成。有各式各樣的顏色、花紋及質感設計，但透氣性欠佳，較適合作為觀賞用途。

長花槽

原本在歐美是置於窗邊的窗台花盆，現在則是指長方形的盆器。

memo

盆器的尺寸是用「寸」來表示，1 寸盆的盆口直徑約 3 公分，4 寸盆約 12 公分。

塑膠盆

輕巧耐用是其特色。顏色及形狀也很豐富。若控制給水避免過度濕潤，幾乎可用來栽種大部分的植物。最近提升排水性的技術也持續進步中。

木盆

能欣賞自然風韻的盆器，具透氣性、排水性及隔熱性。2～3 年後會漸漸風化，無法長久使用。

關聯項目　整地 →P42／定植 →P50／澆水 →P74／種菜 →P214

其他的專用盆

專用盆是按照各種植物特性打造出來的，盆底洞孔比一般盆器還大，或是設計有透氣孔。

藝術盆景、山野草、國蘭等專用盆中，也有添加室內觀賞要素的裝飾用盆器。

水耕容器

草莓盆

盆景盆器

底部給水式的盆器（盆器構造是從盆底吸收水分）

山野草盆器

國蘭盆

part 2

園藝作業從整地開始

適合栽種植物的土壤

植物的根系會在土中伸展以支撐莖葉，同時吸收水分、空氣及養分。植物要能夠健康生長，讓根系得以充分伸展的整地作業非常重要。

好土最重要的條件，是具備良好的透氣性及排水性。根需要呼吸，空氣不流通、過度潮濕會導致氧氣不足，造成根部腐爛，因此土中必須時常保有新鮮的空氣。除此之外，具備適度保持水分及肥料的保水力及保肥力，以及富含腐葉土及堆肥等有機質也很重要。

具備上述條件的土，會將細小土粒匯聚成大型土粒，也就是所謂的團粒。團粒之間的孔隙較多，可讓空氣及水分有效流通，保水力及保肥力也相對提升。有機質則具備促進土壤團粒化的作用。

○

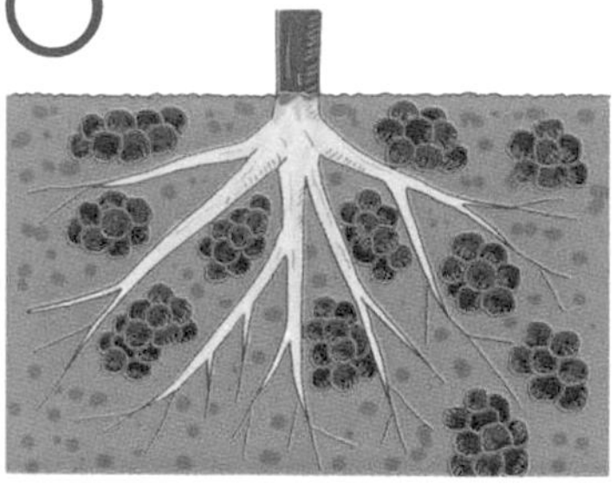

團粒結構的土壤（好土）

土粒聚集成團子狀的團粒結構土，空隙多故排水性及透氣性佳、小空隙可保住水分，具備好土的條件。

×

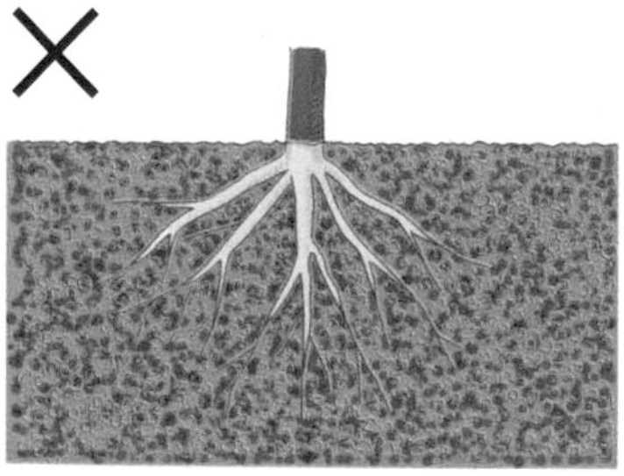

單粒結構的土壤（不良土）

細小土粒緊實密集的單粒結構土，排水性差，缺少留住空氣的孔隙，根部容易腐爛。

好土的條件

要讓花草、庭木及蔬菜健康生長的好土條件，是排水性、透氣性、保水性佳，富含肥料成分，且病原菌及害蟲少。再來就是，大多數的植物用 pH 值（酸鹼值）5.5 ～ 6.5 的弱酸性土壤栽培，可生長良好。

菜園
為了採收美味的蔬菜，冬季期間請確實整地。

花圃
繽紛點綴庭園的花圃，也是從平凡無奇的整地作業孕育而生。

果樹
與觀賞用樹木不同，最終目的是為了採收果實，因此請務必確實整地。

確認土質的方法

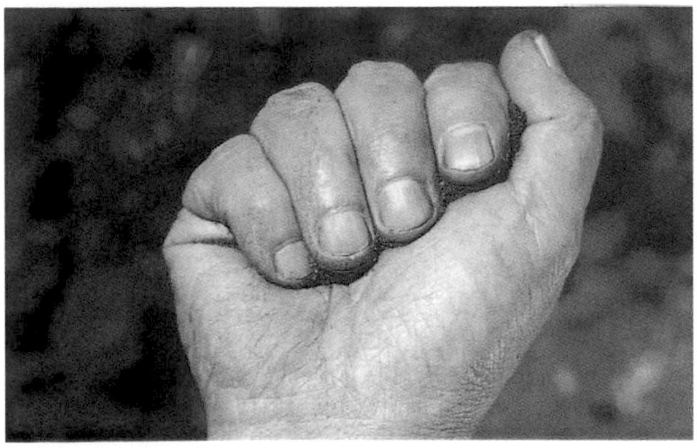

用手握住具適當濕度的土。

土塊不會碎裂，表示為排水性差的不良土，必須進行改良。

若用指頭輕輕按壓土塊即可弄碎，就是排水性及保水性佳的好土。

檢測土壤的方法

富含有機質的鬆軟土，用指頭按壓，指頭輕鬆就能陷入土裡。要確認是否為好土，不妨試著檢查土壤硬度，土塊容易弄碎的就是好土。土壤的酸度，可用酸度計等儀器來測量。

檢測土壤酸度的方法

土壤酸鹼度計
把尖端插入土中，過 1 ～ 2 分鐘後即可正確測出土壤酸鹼度。

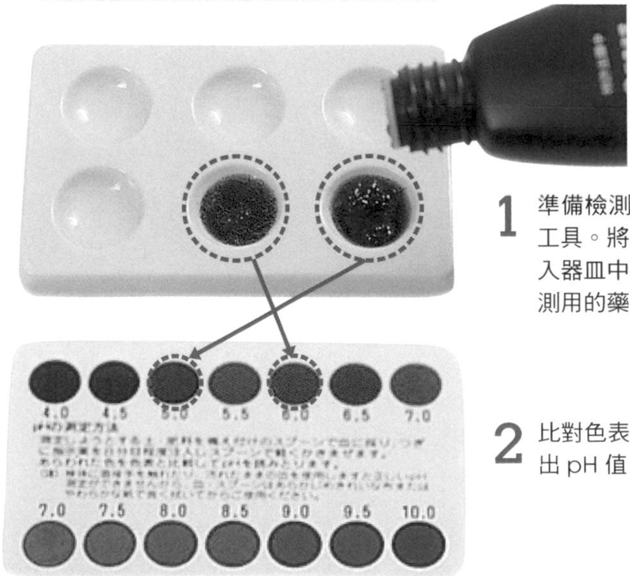

1 準備檢測 pH 值的工具。將樣本土放入器皿中，滴入檢測用的藥劑。

2 比對色表即可判斷出 pH 值。

關聯項目 定植 →P54／中耕 →P94

改良土質的方法

受到地區及環境的影響，土壤的性質也非常多樣，透過改良可使其變成適合栽培的好土。改良土壤的基本作法，是施用腐葉土及堆肥等有機質，耕犁整地。

不管是黏質土或砂質土，腐葉土及堆肥等有機質皆可促使團粒化，提高透氣性、排水性，甚至是保水性及保肥性，同時還可促進土中有益微生物的活動。此外，容易偏酸性的土，可以混入石灰調整酸鹼度。混擬土造鄰接地的鹼性土，則可施用未調整酸鹼度的泥炭土。

再好的土，只要持續栽種植物，仍會因為淋雨及澆水導致土壤變硬，養分也隨之減少。建議每年進行一次深耕翻土的作業，重新整頓土壤。

不同土壤的

由於各地氣候及植被不同，土壤的性質也各色各樣。請根據自家庭院及田地的土壤性質，將充分的腐葉土及堆肥等有機質耕犁整地，加以改良。另外，因多雨的地區，土壤大多呈弱酸性，若植物因而無法生長時，必須施用石灰調整酸鹼度。

黏質土

黏質土的透氣性、排水性差，土質偏硬會妨礙根部生長。每一平方公尺施用 2 公斤的腐葉土及堆肥等有機質，和 5 公升排水性佳的珍珠石及砂，耕犁整地。也可栽種紫雲英等綠肥作物，翻耕入土。

庭園造景地的土壤

庭園造景地的砂礫及石頭多，容易乾燥，土的團粒結構崩壞，養分也容易不足。將多一點的有機質翻耕入土，並且施用肥料。或是挖出深約 30 公分左右的土，替換成質地好的土作為客土。

沸石

砂質土

砂質土的透氣性及排水性佳，但保水性低容易乾燥。每一平方公尺施用 4 公斤的堆肥、2 公斤的粘土質紅土及黑土，以及保水性佳的蛭石及沸石，翻耕入土。沸石是多孔隙的石頭，保肥性高。粒狀物可提高透氣性，因此也可混入砂質土中。另外，也可用作盆底石預防根部腐爛。

石灰散布後的狀態

酸性土

溫暖多雨的氣候，石灰成分容易流失導致土壤呈酸性。酸性土壤會傷害植物的根系，妨礙養分及水分的吸收，建議覆蓋石灰調整酸度。石灰集中一處大量施用會讓土壤硬化，請平均覆蓋於土表充分混合。

綠手指的小祕訣！

從生長的植物就能辨別土質？

從身邊的野草可判斷土壤酸鹼度。車前草、筆頭菜、三葉草、蒲公英、艾草、鼠麴草、酢漿草等等，都是生長在酸性土壤的植物，屬酸性指標性植物。
若土中長有這些野草，便是酸性土的證明。必須散布石灰，調整酸度。

鼠麴草

車前草

繁縷及薺菜在中性土壤中可健康生長。

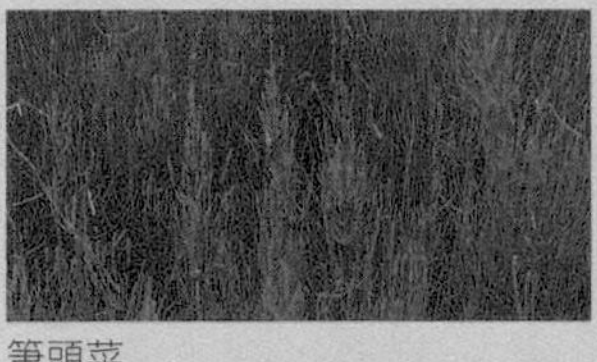
筆頭菜

酢漿草

蒲公英

關聯項目　整地 →P32 ～44／園藝栽培曆 →P206

各種園藝栽培介質

園藝用的栽培介質有非常多的種類，特徵也不盡相同。最常用的赤玉土、日本關東地區產量多的黑土、輕石質的鹿沼土、黏土質的真砂土這類園藝最基本常用的介質，稱為「基本介質」。這類介質很少單獨使用，多會搭配使用彌補基本介質缺點的「改良介質」。

改良介質，包括腐葉土、堆肥、泥炭土等有機質，以及珍珠石、蛭石、輕石等無機質，可改善基本介質的透氣性及排水性。尤其是有機質可活化土中的有益微生物，具備肥沃土壤的作用。珍珠石及蛭石無菌且質地輕，因此適用於室內盆栽及吊盆。

的種類與作用

赤玉土、鹿沼土、黑土這類栽培植物時的基本介質，挑選時請盡可能挑選雜質少的。

鹿沼土
輕石質的火山砂礫風化而成的粒狀土，是日本栃木縣鹿沼地方的特產。透氣性、排水性優異，幾乎不含任何有機質。

赤玉土
日本關東壤土層的赤玉，顆粒尺寸有大粒、中粒、小粒之分。透氣性、排水性、保水性、保肥性均佳。

黑土
日本關東壤土層的表層土。含有大量的有機質，富含保水性，但透氣性、排水性差，須混合使用腐葉土。

改良介質的種類與作用

改良介質是用來彌補基本介質的缺失，可分為有機質及無機質兩種。腐葉土請挑選完熟品，無機質則準備與基本介質土粒大小相當的種類。

腐葉土

落葉發酵腐熟而成。富含透氣性、保水性、保肥性，可用來改良成促進有益微生物活動的土質。

堆肥

牛糞及樹皮等有機質發酵腐化而成。透氣性、排水性極佳，還可增加土壤有機質含量，促進團粒結構的形成。

泥炭土

濕地的水苔泥炭化而成。與腐葉土性質相似，強酸性，活化有益微生物的能力較弱。因為無菌，故廣泛用於室內園藝。

輕石（浮石）

質地輕卻帶有強度，透氣性、排水性極佳，故可用來與排水性差的介質混合，或是在蘭花栽培時與樹皮混合使用。大顆粒的可用作盆底石。

memo

栽培介質的賣場中，販售有調配好的培養土，以及須自行調配的單一介質。

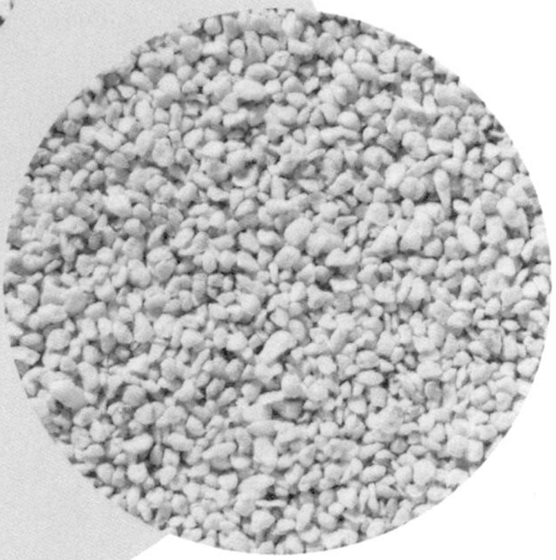

珍珠石

珍珠岩經高溫處理製成的超輕粒狀人工砂礫。富含透氣性、透水性（排水性），適合用來改良黏質土。

蛭石

從雲母礦石製成的無菌人工土。保水性、保肥性高是其特徵。也適用於播種及育苗栽培基質。

關聯項目 整地 →P32 ～ 44

市售培養土的用法

市售的培養土，是預先將基本介質及改良介質依適當比例調配，方便馬上使用的栽培介質。有花草到蔬菜幾乎所有植物皆適用的通用型、球根用、觀葉植物及吊盆用、播種用等可依照植物及目的挑選的專用種類。

購買時，請先確認產品標示，挑選有明確標示適用植物、調配原料、有無混合肥料、酸鹼度調整、製造商等資訊的產品。若沒有混合肥料需要施用基肥，未調整酸鹼度則必須施用石灰。還有，土粒參差不齊且雜質多的排水性差，易導致根部腐化，請避免選購；包裝內發霉或有水滴附著，很可能是堆肥的發酵不完全，也應避免。

市售培養土的使用重點

市售培養土方便直接使用，也可長時間觀察介質的排水及保水等特性，視需求加入基本介質進行改良。

檢查產品標示

使用時，請先確認適用植物、容量、主要調配原料、有無混合肥料、製造商及販售商的公司名稱、住址及電話等資訊。

花卉與球根的培養土

專為花草及球根栽培製作的專用培養土。富含透氣性及排水性。

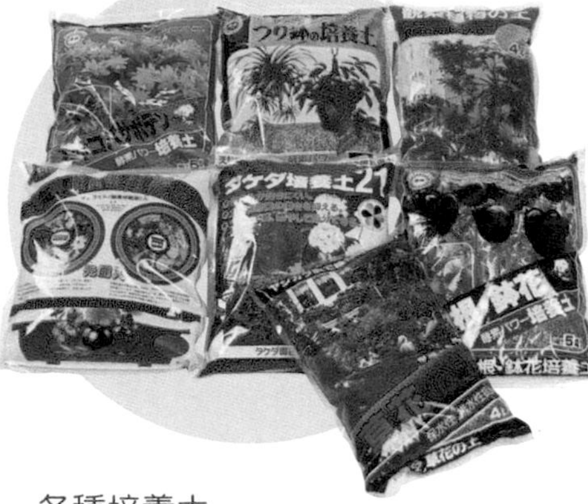

各種培養土

市面上販售有各種用途的培養土，像是任何植物皆適用的培養土、山野草及草莓等不同植物的專用培養土。

製作腐葉土的簡易容器

加了濕油粕的落葉，可裝入在堆肥處或庭院角落製作的塑膠袋圍籬中，或是蔬菜栽培用的大型容器內來製作腐葉土。

利用透明塑膠袋製作腐葉土。

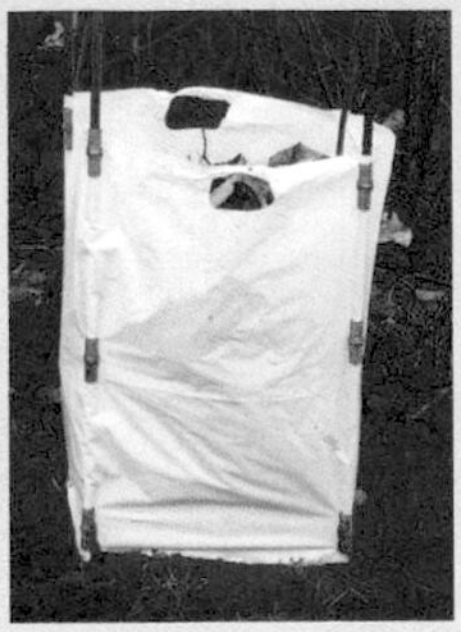
在四個邊角豎立支架後包覆塑膠袋，用來製作腐葉土。

腐葉土的製作方法

多數市售培養土都會添加腐葉土以改良土壤，但是熟度落差頗大。自己動手製作，其實也很容易就可以製作出用手搓揉即可脆裂的腐葉土，不妨嘗試看看。

1 收集麻櫟屬、櫟屬、錐栗屬等落葉闊葉樹的落葉，澆水使其充分濕潤。讓落葉充分濕潤是重點所在。
註 台灣可使用殼斗科植物的落葉。

2 把濕潤的落葉裝入箱子等容器，用腳踩踏使其牢密緊實。

3 把油粕及米糠平均施灑在落葉上，促進發酵。

4 蓋上塑膠布並用重物壓住，以防淋雨。一個月後攪拌拌勻即可。

memo

最適合用來製作腐葉土的是闊葉樹的落葉，針葉樹則不適合。

關聯項目 整地 →P32 ～ 44

介質的調配方法

簡單好用的市售培養土，不同廠牌的特性各有差異，必須適度進行改良，或是改變管理方式。若自行調配介質，不僅可製作出最適合植物及栽培環境的介質，之後要移植時，也毋須改變給水及肥料的施用方法。

調配的時候，盡量讓介質顆粒大小一致，赤玉土等基本介質事先用過篩網去除雜質很重要。

從腐葉土這類輕的介質開始依序裝入厚的透明塑膠袋中，裝到約一半高度後拌一拌，簡單就能完成混合。調配好的介質過多時，將袋口確實密閉，置放在不會接觸雨水及直射陽光的場所保管。

好土的條件

調配介質並不困難，若自行在家製作，會比購買市售培養土更划算。基本的調配比例是赤玉土 6、腐葉土 4 的混合土，再加上基肥及苦土石灰。

排水好的土

性喜排水性好的植物，可用等比例來混合赤玉土及腐葉土。

基本調配比例

以赤玉土 6、腐葉土 4 的比例混合。7 寸以上的盆器，請使用中顆粒的赤玉土。

酸性土

性喜酸性土的植物，以鹿沼土 3、赤玉土 3、酸鹼度未調整的泥炭土 4 的比例來調和。

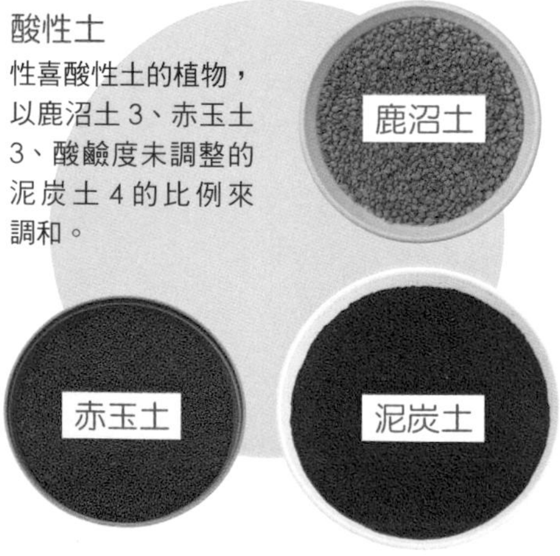

基本介質的調配方法

基本介質事先做多一點，可方便隨時使用。使用厚的透明塑膠袋，顆粒不容易破碎，保管上也較不佔空間。

利用袋子混合的方法

1 準備大型耐用的袋子，為了能夠均勻混合，先裝輕的腐葉土。

2 放入作為基肥、磷酸含量高的緩效性化肥，以及苦土石灰、赤玉土。總量不超過袋子容量的一半以便均勻混合是重點所在。

3 讓空氣進入袋子使其膨脹，然後封住袋口，上下左右搖動晃讓介質混合。

4 介質均勻混合就完成了。置放在不會接觸到雨水及直射陽光的場所保管。

介質的置放場所

混合好的介質，請存放在不會淋到雨的地方。用剩的介質一樣裝入透明塑膠袋保存。

關聯項目 整地 →P32 ～ 44

花圃的整地方法

花圃裡的植物是從地底下往上吸收水分，且無法像盆栽植物般勤於調整肥料成分，因此一開始就必須確實打造出富含排水性、保水力、與肥分的土壤。腐葉土及堆肥的施用標準，約莫是花圃每1平方公尺2桶水桶的量。

最適合打造花圃的場所，是面向南邊或東邊，一天可接受5小時以上的日照，通風及排水良好的地方。若要在條件差、日陰、潮濕的地方打造花圃，可做出高度約20公分的花床，將花草種植在高的地方，也可改善通風及排水。

註 台灣除了梅雨季及遇到連日下雨，其餘全年均可進行花圃整地作業。

花圃的整地作業

想要讓花美麗綻放，就必須打造出有利植物生長的土壤。在庭院打造新的花圃時，請比定植預定日提早 1 個禮拜～ 10 天把土整頓好。

整地的步驟

1 確實地清除雜草、垃圾及小石頭。

2 土深耕 30 ～ 50 公分，讓新鮮空氣進入土中。較硬的土塊用鏟子弄碎。

3 施放堆肥及腐葉土等有機質，與土仔細拌勻混合。

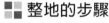

花圃的土壤翻新

已經種有花草的花圃，土壤長久淋雨後會變硬，導致透氣性變差，根系難以伸展。要移植種苗時，請先混入堆肥等有機質讓土翻新。

枯萎的植株連根挖起，然後混入有機質加以整地，以利新植株的生長。

4 每 1 平方公尺散布約 200 公克的苦土石灰，與土加以混合，調整酸鹼度。

5 把表面的土仔細地弄平。

6 用磚頭打造牆垣，防止土壤流失。

整地完成後的花圃

到此為止的作業，請至少在定植預定日的 1 週前完成。

關聯項目　整地 →P32 ～ 44／定植 →P46

菜園的整地方法

適合農作物的好土，除了必備的良好排水性、透氣性、保水性之外，富含堆肥等有機質的肥沃土壤也很重要。

首先，用圓鍬等工具翻耕土壤約30公分的深度，並根據農作物喜歡的酸鹼度施灑石灰，確實地耕犁整地。待1～2週後，把土弄碎、弄軟，每平方公尺施用約2公斤的堆肥等有機質，與土充分混合，再把表面耙平即完成整地作業。接著再行作畦，翻堀堆整出細長型的畦，用來栽種作物。

經過上述工夫打造出來的菜園用土，用手觸摸會感到鬆軟。試著把園藝用支柱插入田地，若不施力可插入約20公分，用力可超過60公分的話，就是合格的土。

為了採收新鮮美味的蔬菜，請先從打造好土開始著手。

整地的重點

要讓蔬菜良好生長，同樣必須是團粒結構的土，因此請大量放入堆肥及腐葉土等有機質，打造出鬆軟土質。

堆肥
堆肥是微生物分解而成的腐植質，可促進土壤團粒化，也就是所謂的「土的肥料」。

整地的時機

大多數的蔬菜，若持續用相同的土壤種植，會變得很容易發生病蟲害，因此必須每年重新整地。整地作業，請在播種及種苗定植前 2 週完成。

菜園整地的步驟

1 用鋤頭或圓鍬挖出約 30 公分的深度。不僅可提高透氣性及排水性，同時還可除草。

2 均勻地撒上一層薄如落霜的石灰。

3 石灰並非撒上去就好，還須充分翻耕入土，直到土表毫無白色殘留為止。

4 石灰散布約 1 週後，均勻地施用堆肥，充分翻耕入土後把土耙平即可。

園藝知識補給站

施用兼具肥料補給功效的氰氨化鈣（石灰氮）

石灰可以用氰氨化鈣來取代，每平方公尺施用約 30 克的量後耕入土中。

氰氨化鈣也稱為「農藥肥料」，施灑後翻耕入土，其中的成分會在土中分解，可防除病原菌、害蟲及雜草，消毒土壤，成分分解後會殘留鈣及氮，變成肥料補給。只不過，氰氨化鈣既是肥料也是農藥，因此施用時務必遵守使用規範。還有，農藥效果持續期間不可播種或定植種苗，因此若要施用氰氨化鈣，請在冬季期間完成。

註 如欲購買，可上網搜尋"氰氨化鈣肥料"，在有販售的農業、肥料資材網站選購較為方便。

關聯項目 整地→P32～44／作畦→P60／定植→P102

盆器的整土方法

盆器栽培用的介質，比庭植栽種更講求透氣性及排水性。不僅土量有所限制，且容器內容易悶濕，若是每天給水，團粒間的孔隙容易阻塞。除了特殊植物的介質外，基本上是使用赤玉土（小粒及中粒）與腐葉土（或是調整過酸鹼度的泥炭土）。

培育花草類的基本混合介質，是使用赤玉土6比腐葉土4的略輕土。

相對於此，培育花木等樹木類時，則是使用赤玉土7比腐葉土3的略重土。

調配好的基本混合介質，必須再根據觀賞方式、栽培環境及用途加以改良。請根據自己的栽培方法，調配出專屬的混合介質。

根據植物改變調配比例

大型植物及小型花草，根的粗細及性質也有所差異，須根據栽培的植物靈活調配培養土。再來也須視栽培場所調整混合介質。

室內栽培

使用無菌的泥炭土取代腐葉土，可保持清潔感。

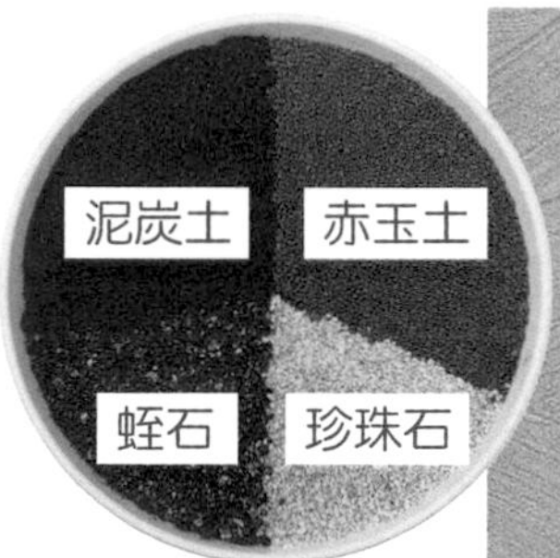

吊籃用

為了懸吊觀賞而使用輕的土。以赤玉土3、泥炭土3、珍珠石2、蛭石2的比例混合。

組合種植

植物密集栽種容易悶濕，因此使用基本混合介質 80%、小粒輕石 20%。

性喜酸性的植物

性喜酸性土的歐石楠，用等量的鹿沼土、赤玉土、未調整酸鹼度的泥炭土、蛭石、珍珠石調配而成的介質栽培，可良好生長。

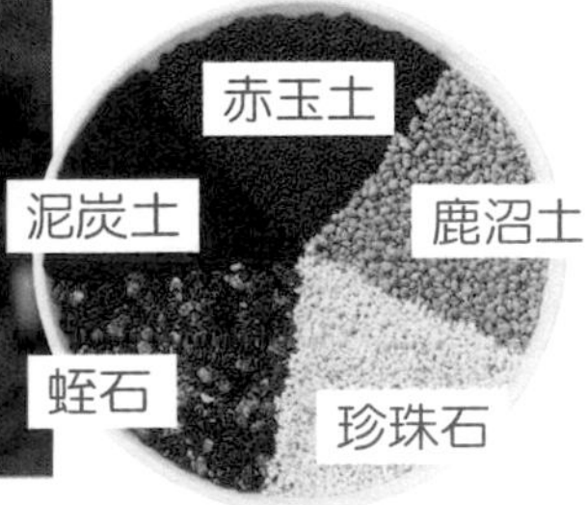

栽種樹木

為了讓植株穩固直立，通常會使用赤玉土 7 比腐葉土 3，略重的土。

綠手指的小祕訣！

不放盆底石，植物無法生長？

為了維持良好的透氣性及排水性，而在容器底部放入的大顆粒介質，稱為「盆底石」。
5 寸以下的盆器因土量少，可不用盆底石，6 寸盆以上再放即可。大型盆器中可使用保麗龍板，以減輕重量。另外，盆底石先裝入網內再使用，移植時可省去撿集石頭的時間，也方便隨時再利用。

關聯項目 整地 →P32 ～ 44／定植 →P50

舊土的再利用

盆器栽種持續一陣子後，土壤的團粒結構會因為每天給水而崩解，導致排水性及透氣性變差，也容易出現病蟲害。因此，每當栽種植物時就必須使用新的土。不過，舊的土仍然可以再利用。

舊土去除殘餘的根部，接受日曬充分消毒乾燥，即可與新的土混合使用。不過，菊花、香豌豆、矮牽牛、翠菊這類不適合連作的植物，請避免使用舊土。

市面上也有販售各種含有機質及土壤團粒化成分，或是防止根部腐壞之藥劑的再生材。雖然可與舊土混合使用，但因調配原料的不同，選購時請仔細確認產品標示。

1 把舊土從盆器中挖出來，弄散之餘順便去除盆底石及根部。

2 把舊土鋪在報紙上，一邊翻攪一邊曝曬。夏天曝曬 1 週，冬天則是 2 週。

3 土充分乾燥後，用濾網去除雜質，再加入赤玉土 6 比腐葉土 4 的基本混合介質。

4 最後再添加市售的再生劑充分混合。之後要利用時，再摻入栽種之植物所需用量的基肥及苦土石灰即可。

part 3

基本的定植作業

種苗的挑選方法與定植

要在花圃裡定植花草的種苗時，了解日照或給水喜好等植物習性，挑選適合植物生長的場所，或是挑選符合花圃環境的植物很重要。

好的種苗，其植株基部穩固、莖部粗壯、節間密實。莖部伸展過長、下葉枯黃的須避開，盡量挑選葉片厚且綠、根系延展良好、未遭受病蟲害侵襲的種苗。

定植還必須考量植株長成之後的大小來決定種苗配置間距，並且讓根團表面與地面高度一致。

另外，種苗從後方往前依序栽種，可避免傷到先種好的植株，讓作業更輕鬆。

好苗的條件 ①

挑選健全強壯的苗。花苗結有許多花苞者佳。

溫室栽培苗的定植時期

比定植適合期還要早出現在市面上的溫室栽培幼苗，移植到大一點的盆器中，等到適合期一到再定植，即可良好生長。

好苗的條件 ②

挑選從盆底長出些許新鮮白根的苗。避免茶色的根。

種苗的定植

1 挖出與根團高度相同的植穴，放入緩效性化肥與土充分混合。

將盆苗定植在花圃中

1 根據花圃的日照條件，準備合適的植物。

2 設置顯眼的裝飾性盆栽。

3 根據植物的生長大小調整植株間距，決定種苗的配置。

4 先從後方開始定植較高的植物，最後再於前方牆垣邊定植秋海棠。

定植的重點

苗種得太深或太淺都會無法好好扎根。請讓根團與地面同高。植株間距，若植物高度 30 公分以下的話約 20 ～ 40 公分，植物高度 30 ～ 60 公分則距離 30 ～ 50 公分。

memo

選購種苗時，須根據向陽或遮陰等栽種場所挑選，且只購買必要的數量。

2 將盆苗放入植穴，栽種時讓地面與根團表面等高。

3 把土往植株基部填滿，用手輕輕按壓，讓植株穩固。

4 給予大量的水分，讓水能夠滲入約 15 公分深。

關聯項目 整地 →P38／施肥 →P78／澆水 →P72

增添視覺美觀的定植方法

要讓花圃賞心悅目，有幾個小訣竅。首先是植物的配置，在花圃最後方種植較高的植物，具分量感的植物擺在中間，最前面種植較矮的植物，便可呈現具深度的空間感。

混合栽種多種花卉時，整合同色系的花排出由深到淺的漸層表現，或是對比色相鄰配置，可讓配色協調一致。三色堇這類色彩豐富的花，即使只有一個種類，也可呈現五彩繽紛的視覺效果，替花圃營造豐盛感。

種苗數量偏少的時候，可在定植的配置上加點巧思。把種苗定植成鋸齒狀的「千鳥格紋種植法」，或是看似棋盤格的「棋盤格種植法」，如此一來，即使植株的數量不多，也可演繹出熱鬧具分量感的花圃。

簡易的美觀配置

選擇已開花的盆苗來種植，輕鬆就能享受園藝的樂趣。考量到之後的成長狀況，現階段先預留充分的植株間距，因此剛定植時會略顯空曠。植株間距，小型種約 12 ～ 15 公分，中型種 20 ～ 25 公分，大型種則是 30 ～ 40 公分左右。

千鳥格紋種植法

種苗定植成兩排以上時，第 2 排的植穴位置落在第 1 排植株間距的中間，可讓植株間距舒適寬敞，通風及採光變好。

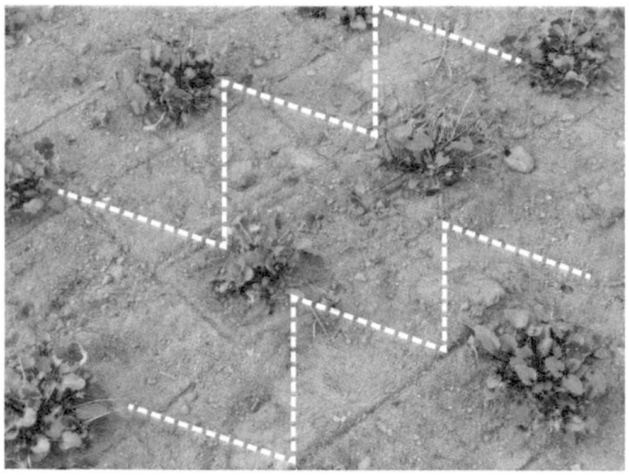

memo

三色堇的花色豐富，是冬季到春季花圃裡不可或缺的素材。

棋盤格種植法

種苗定植成棋盤格狀的種植法，可讓同種類的植物呈現華美感。

水仙花開的早春花圃　風信子與水仙花一旦過了盛開期，花圃就會顯得寂寥。

為初夏的花圃作準備　進行開花後修剪，處理掉花期已過的一年生草本植物，然後在空出來的地方配置宿根性草本植物。

煥然一新的花圃　運用充滿朝氣的小三色堇，替花圃妝點出初夏的氛圍。

關聯項目　園藝栽培曆 →P206～209

四季皆宜的花種

每季換植的一年生草本植物，若與每年開花的宿根草花或是球根植物巧妙搭配，即可整年享受四季花卉之美。

鬱金香與三色堇的花圃
花期長的三色堇及鬱金香，是春季花圃常見的經典組合。

花圃與盆器的組合
花圃中設置盆器專用台座，當花圃的花卉稍顯寂寥時，可擺放盆栽花卉來增添繽紛感。

定植於盆器

種在盆器中時，密集種植會比較好看。但若太過擁擠，反而容易悶濕導致生長欠佳。定植時須考量到生長後的大小，不要讓葉片相互重疊。

單一盆器中栽種多種植物的混植，植物的相容性也很重要。舉例來說，喜歡陽光的天竺葵與喜歡陰涼的秋海棠，栽培管理方式截然不同。開花期差異大，導致花開後僅存葉片，或是僅剩花期較長的花朵，視覺上都不甚美觀。請事先調查植物的性質，挑選栽培管理方式與花期相同的植物。

相較之下，單一盆器中只種一種植物的單植，栽培管理上會比較容易。即使是單植，只要選擇同種類不同色系的花卉，或是將不同種類的單植盆栽密集擺放，就能增添視覺性。

配植的重點

利用盆器栽種植物，即使沒有寬敞的庭院，也可享受園藝樂趣。單純用單植盆栽裝飾狹小空間時，請從觀賞側這一邊開始配置植物。

種苗的定植

1 種苗根系盤繞生長時，先稍微鬆開些許根團。

2 留意色彩協調性，將苗種入盆器中。

3 避免澆到花朵地給予大量水分。

混植的步驟

1 放入數量足以掩蓋盆底的盆底石。

2 根據容水空間的高度填入介質（土壤不可填滿，預留些空間，以免澆水時，水和土壤滿溢出來）。

3 若是根系尚未盤繞生長的苗（左），就不必破壞根團；若是根已經盤繞生長的苗（右），則須稍微鬆開根團。

4 把植株較高的種在中央或後方，留意視覺平衡。

5 為避免植株之間產生空隙，用筷子撥動介質使其變密實，完成定植後給予大量的水分。

混植的重點

多種植物混合栽種時，讓開花期一致，同時考量到植株高度及生長方向來配置，即可讓視覺感平衡而美觀。

關聯項目 整地→P42／澆水→P74／盆器種菜→P214

挑選球根及定植於庭園

球根好，花自然會開得漂亮。請挑選健壯結實的球根。

一般而言，秋植球根耐寒怕熱，適合在11月下旬～12月底這段涼爽期定植；春植球根不耐寒，必須等到寒流過後才能定植。過早或過晚都會影響生長，甚至無法開花。

種植場所的基本條件，是具備良好的日照及排水。庭土確實翻耕20～30公分的深度，然後以兩顆球根的間隔及兩顆球根的深度為基準定植球根。不過，百合的球根不只下方，連上面也會發根，因此必須深植。

發芽前，表土一乾就給予大量水分；發芽後，除非是連日放晴導致介質相當乾燥，否則1個月給水1～2次即可。

球根有各式各樣的形狀，皆有發根部及芽點。

球根植物的挑選方法

球根植物，具備球根這個可儲蓄養分的貯藏器官，且生長在地下，因此發芽後即使不施用肥料，靠球根本身的力量也可讓花綻放。購買球根時，請挑選有明確標示種類及品種名、大又重、沒有傷痕或發霉、握起來硬實的。

memo

球根植物是栽種後就會開花的半成品植物。新手也可輕鬆讓花綻放。

×

壞的球根

不要挑到有病斑及黴菌的球根。另外，球根太小的花芽發育不佳，也不要挑選。

○

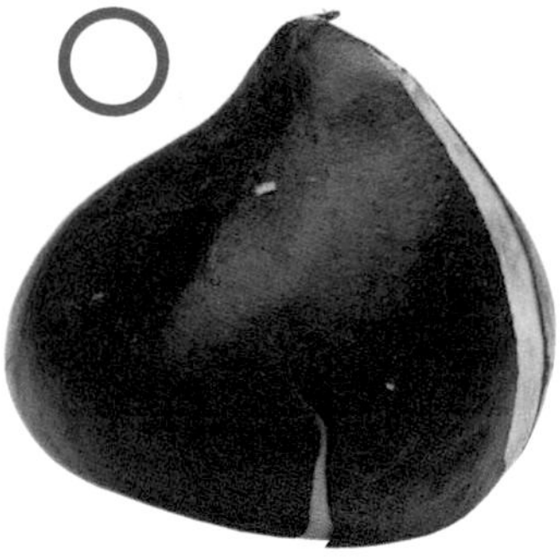

好的球根

挑選外表沒有傷痕、發霉、生病，結實緊密的球根。不喜乾燥的百合，建議挑選未乾燥的球根。

種植球根的重點

球根種在遮陰處會長不出花苞，或是過於潮濕導致根部腐爛。挑選日照及排水良好的場所確實翻耕鬆土，以兩顆球根的間隔、兩顆球根的深度為基準定植球根。

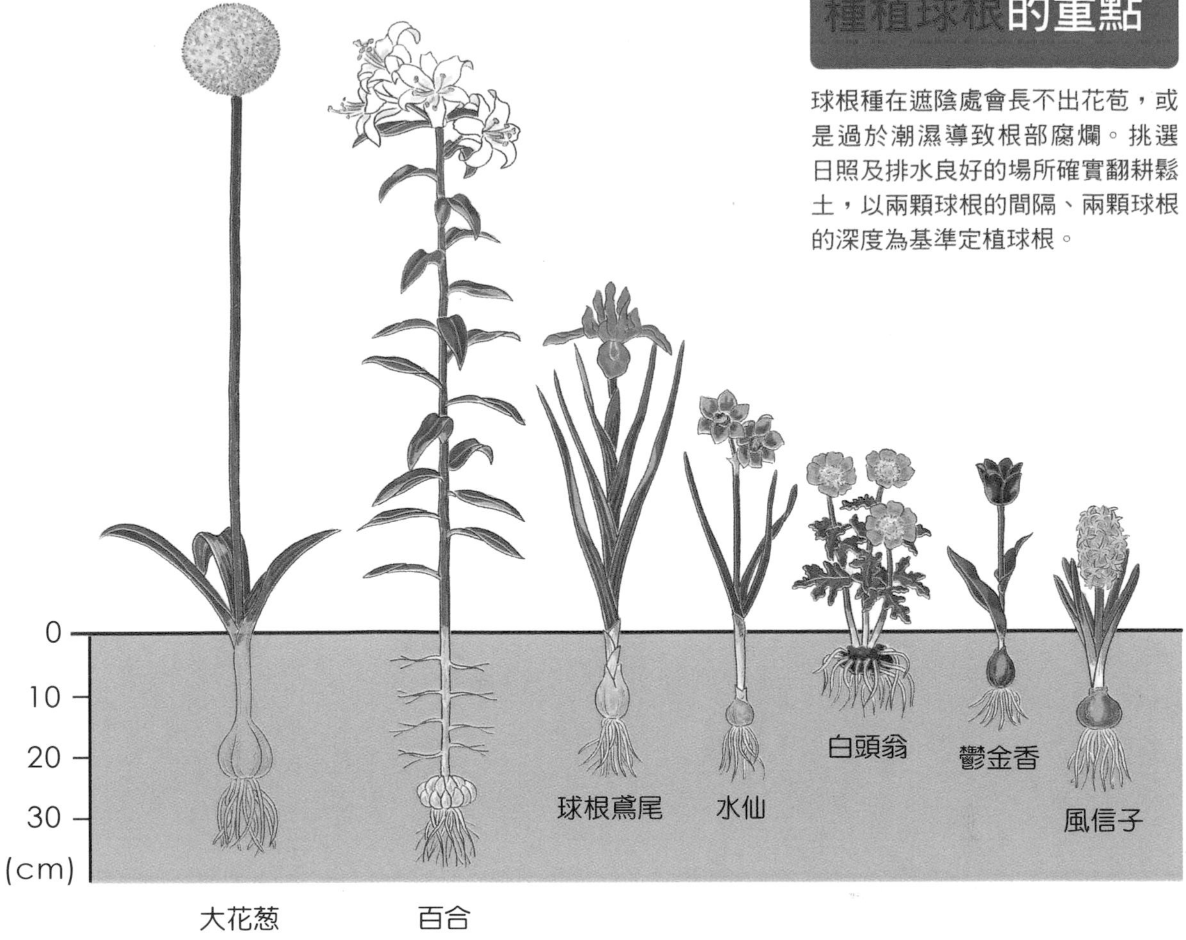

園藝知識補給站

鬱金香 放在籃子裡種植

把鬱金香的球根擺在有大洞口的運苗箱（托盤）內再種植，之後要挖出球根時就不必擔心有漏網之魚。

另外，讓球根的發根部整齊朝向相同方向，就能讓葉片方向一致，開花時更具觀賞價值。

種在籃子裡的鬱金香球根。

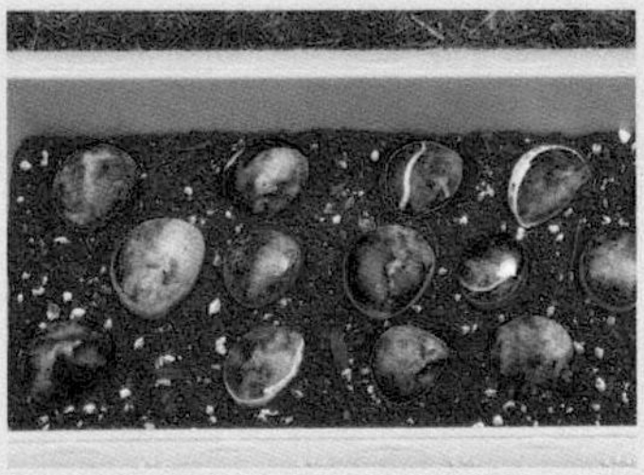

種植時讓發根部的方向一致。

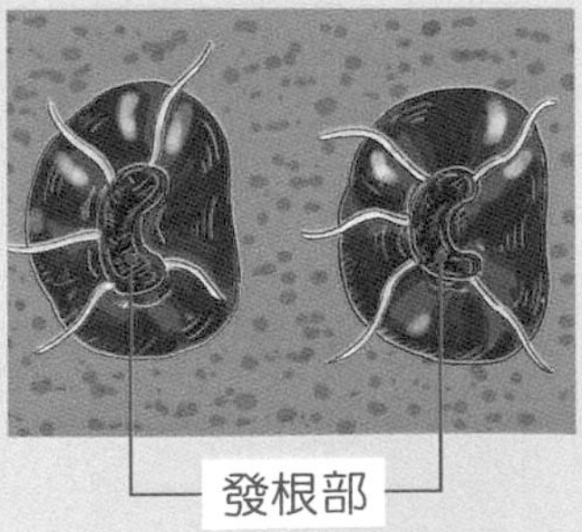

關聯項目 繁殖方法 →P120 ～ 125

定植於盆器

球根種在盆器中時，為了讓根系能夠充分伸展，需要準備較深的盆器。盆器太淺會讓根從盆底竄出，導致生長變差。定植的深度，約是一顆球根的高度，或是稍微露出球根頭部的淺植，盡量讓根系有足夠的深度伸展。

定植的間隔，差不多以一顆球根為基準。以5寸盆為例，若是百合這類大型球根種一顆，番紅花這類小型球根則可種8～10顆。

介質與花草的種苗相同，盆植的球根容易悶熱導致根部腐爛，因此盆底務必放入大顆的盆底石，藉此改善排水性。定植後，大量給予可從盆底流出的水分，並置放於日照良好的場所。

盆器栽種的重點

大部分的球根植物都可種在盆器中，若想要充分欣賞美麗的花，密集栽種是訣竅所在。

風信子的盆器栽種

球根不需要養太大時，把球根並肩般地密植，開花時可呈現分量感。

memo

球根使用所謂的分層種植法（Double Decker）種成2到3層，同時搭配栽種花草，更顯豪華。

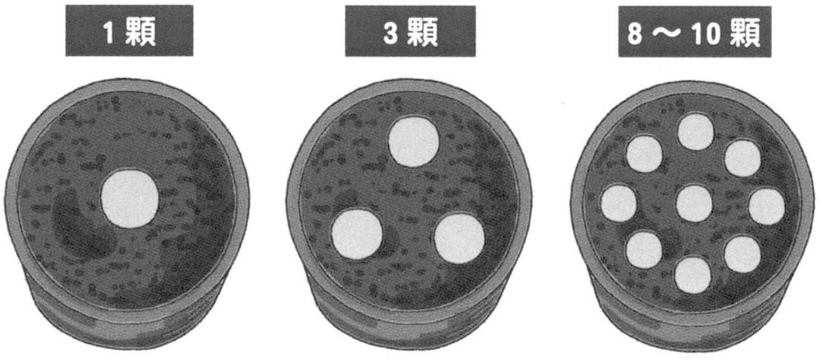

秋水仙、百合等等　　鬱金香、陸蓮花、風信子等等　　小蒼蘭、番紅花、水仙等等

5寸盆的球根栽種數量基準

球根栽培最簡單的就是用盆器栽種，但因球根有大有小，可依據盆器大小調整栽種的球根數量。

不同球根種類的定植與注意事項

球根植物，根據定植時期可分為秋植球根、春植球根、夏植球根，全部都須在適合期定植。百合這類沒有外皮的球根，請在販售期間盡快購買，盡可能趁早栽種。
另外，有些球根也須注意在定植前是否已經發芽。

白頭翁
乾燥時很難看出芽長出來的位置，因此用濕的廚房紙巾包覆使其吸收水分，等發芽後再定植。

大麗花
生長時才立支柱可能會傷到土中的球根，因此在定植時就一併立起支柱。

陸蓮花
球根乾燥萎縮，因此先放在濕潤的水苔上使其吸收水分，等發芽後再定植。

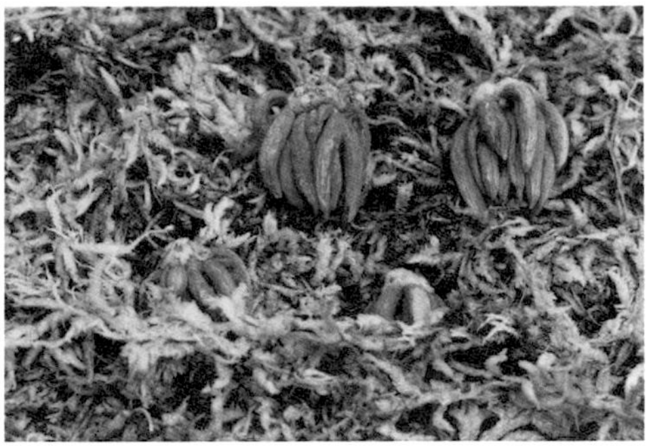

孤挺花
挑選 6 寸以上的盆器種入一顆，球根頭部露出土表地淺植，澆水時注意不要淋到球根。

綠手指的小祕訣！

不會忘記替球根澆水的方法是？

鬱金香這類秋植球根，氣溫下降、淋到雨水，反而有助於根部伸長，因此冬季也必須給水。定植後因地上尚未長出葉片，很容易就會忘記給水，因此可在盆栽中混植其他花草，以免忘記給水。

球根尚未發芽前，為了避免忘記給水，建議與花草一起種植。

關聯項目 繁殖方法 →P214／澆水 →P72

樹苗的種類與挑選方法

挑選的樹木及果樹，若與土地的氣候、日照等庭園環境不合，將無法順利栽培。另外也須考量到預期的長成大小、是否容易修剪等管理上的問題。

樹苗，有種在盆器或育苗軟盆的「容器苗」、根部裸露的「裸根苗」、根部被稻草或麻布包覆的「土球苗」。有別於從土中挖出的裸根苗及土球苗，容器苗沒有把根部切除。如此一來可讓根部較容易扎根、不易枯萎，但缺點是看不到根的狀態。

樹苗最重要的是根。不同的根部狀態，在生長及收穫上會有所差異。建議挑選粗根確實伸展且細根多的樹苗，且購入後可馬上定植以防根部變乾的最為理想。

如何區分樹苗的好壞

無法從外部判斷根部狀態的苗，可從根的基部及枝條來判斷。請挑選未遭受病蟲害、枝條往四方伸長、結實的芽長有許多葉片、葉片之間的節間緊實、整體強健有活力的苗。

如果是嫁接的果樹，接合處有確實癒合的才是好苗。

園藝中心的樹苗賣場

園藝店一整年都有販售樹苗，請盡量購買符合定植適合期的苗。另外，種類及品種是否確實標示，也是挑選時的重點。在有信用的店家購買是最重要的。

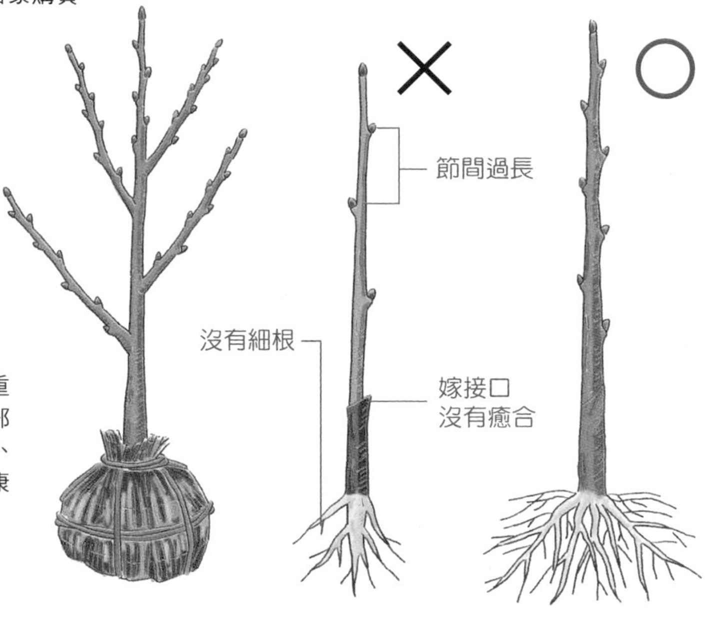

挑選好苗

挑選根部狀態良好的苗是重點所在。建議挑選根的基部看得見很多細根、樹皮平滑、枝條不過於纖細、結實健康的樹苗。

樹苗的類型

一旦栽種後就不太能移動的樹木，請考量特性及栽培環境，挑選容易栽培且具觀賞價值的樹種。

土球苗
根用稻草或麻布包住的苗，以大型苗居多。

裸根苗
根部裸露的苗。為了避免乾燥，常用水苔或塑膠袋包覆。

容器苗
種在盆器或育苗軟盆中的苗，一整年都買得到。

用盆器栽培果樹

可品嘗果實，同時享受賞花趣味的果樹，也可栽種在盆器中。盆植果樹的優點是，比較早開花結果，可移動以防範風雨寒冷，讓管理更容易。

只不過，果樹中，也有單單一棵不會結果實的種類。一棵果樹能否結果，或是需要兩棵以上，請在購買前事先調查清楚。

	種類
單單一棵不會結果實的果樹	◆奇異果 ◆藍莓 ◆白桃 ◆李 ◆蘋果 ◆梨 ◆佐藤錦櫻桃 ◆白加賀梅 ◆富有柿
只要一棵就會結果實的果樹	◆溫州蜜柑 ◆無花果 ◆平核無柿 ◆葡萄 ◆金柑 ◆枇杷 ◆紅醋栗 ◆夏蜜柑 ◆大久保桃、白鳳桃 ◆棗子 ◆石榴

檸檬的盆植栽種
檸檬樹一棵就能結果實。若種在盆器中，冬天也可置於室內，因此在寒冷地區也可培育。

葡萄的盆植栽種
家庭果樹的代表，當葡萄莫屬。若種在盆器中，可機動性地避開風雨，便於管理。

關聯項目 移植 →P178 ／園藝栽培曆 →P206 ～ 209

定植於庭園或盆器

庭園樹和果樹的定植重點，都是在適合期購買樹苗來定植。若是第一次種植，建議挑選根系成活良好的容器苗。

定植的適合期，落葉樹是葉片凋零進入休眠的11～2月，蘋果及柿子等落葉果樹是11～12月，常綠樹是3月下旬～10月上旬（萌發新芽的4～5月除外），柑橘類等常綠果樹是3月，針葉樹則是寒冷時期。

至於定植的場所，落葉樹及針葉樹需要有良好的日照，常綠樹則是向陽或遮陰處。

定植後，在植穴邊緣製作水圍，於其中注入充足的水，避免定植後的樹苗變乾燥是訣竅所在。

容器苗的定植重點

容器苗，根團的根若呈盤繞狀態，表示生長良好，把根團弄散即可定植。定植時期不對，樹勢會變差，定植後的生長也會受到影響，因此在適當時期定植很重要。

把茶花的容器苗種入盆器中

1 從育苗軟盆中拔起，用叉子破壞根團底部。

3 定植後給予大量水分。

2 將介質裝入盆器中，在容水空間的高度位置放上樹苗，然後定植。

memo

栽種時，讓看起來較美的那一側朝向正面。若在適合期栽種的話，可容易扎根，順利地生長。

庭園樹的種植重點

幾乎所有的庭園樹都需要種植在日照及排水良好的地方。挖出深度、寬度大於根團的植穴，樹苗種入時讓根團與地面齊高，之後打造水圍並給予水分。

土球苗（霧島杜鵑）的定植

1 挖出比根團深、寬約 2 倍的植穴。

2 將挖起的土與堆肥、腐葉土、未調整的泥炭土充分混合後，把一部分填入植穴底部。

3 把帶土球的樹苗直接放入植穴，定植時讓根團表面與地面齊高。

4 在植穴周圍挖出溝槽作為水圍，於其中注入大量的水。

5 定植後，在根的基部覆蓋未調整的泥炭土，防止乾燥。

關聯項目 施肥 →P84 ／園藝栽培曆 →P206 ～ 209

蔬菜苗的挑選方法與作畦

古來有句俗話「苗好半收成」，指的是苗的好壞足以決定一半的生長結果。好苗不會徒長，莖部粗、葉片的間距短且結實、根系伸展狀況良好。另外也請確認品種的正確性，以及蔬菜苗是否已長出兩片子葉。

苗在種植之前，必須先整地作「畦」。畦，是為了播撒蔬菜的種子、定植種苗，而把田地的土堆高成細長型。這項作業就稱為「作畦」。

畦的寬度，視蔬菜種類而有所差異，但通常是60～70公分。若田地的排水好，可打造畦高5～10公分的「平畦」；若田地的排水差，打造畦高20～30公分的「高畦」可有助於排水。

菜苗的挑選重點

番茄、茄子、小黃瓜的育苗時間較長，利用市售的苗可節省時間，輕鬆享受種菜樂趣。只不過，請務必在有信用的店家選購種苗。

好苗的條件

- 葉片厚，且呈現自然的綠色。
- 未遭受病蟲害。
- 節間結實，整體健壯。
- 下葉沒有枯萎變黃。
- 長有結實的子葉。
- 盆底可見白色的根。
- 茄子及番茄的第一花房有開花。

嫁接苗

西瓜或茄子等蔬果，建議挑選嫁接在南瓜或紅茄等砧木上的「嫁接苗」。雖然價格較高，但是受砧木影響，抗病性強且連作也強，生長旺盛收穫量可觀是其優點，因此相當推薦。

memo

苗在適合期栽種很重要。購入後3～4天習慣戶外環境後即可栽種。

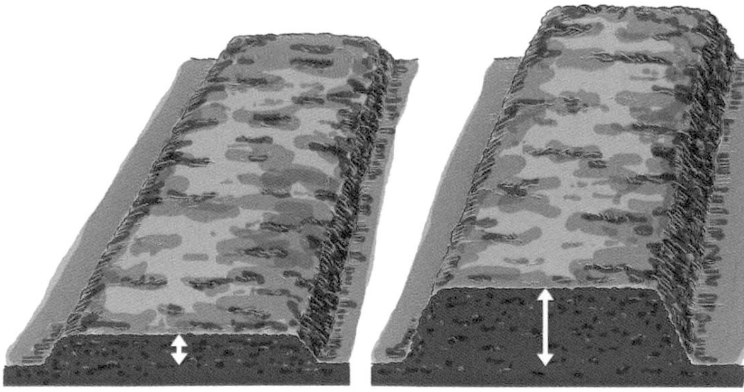

平畦
高度 5 ～ 10 公分，適合排水好的田地。

高畦
高度 20 ～ 30 公分，適合排水差的田地。

畦的作用及形狀

替確實翻耕整地的田地打畦以利栽培。作畦可改善排水，還可區別田地與走道，讓追肥及中耕時的日常管理更容易進行。畦的高度，可分為平畦及高畦。

全面施肥及開溝施肥

小黃瓜這類淺根性蔬菜，或是生長期間較短的葉菜類，須採取「全面施肥」，也就是在整個畦面施放基肥。高麗菜及白菜這類生長到收穫時間較長的蔬菜，則是採取「開溝施肥」，也就是在畦面中央挖出深約 20 公分的溝，在溝裡施放肥料。

作畦（以開溝施肥為例）

1
拉繩子定出想要打造的畦面範圍。

2
在畦面中央挖出施放肥料用的溝。

3
把作為基肥的堆肥及化學肥放入溝中，接著再把土覆蓋回去。

4
用鋤頭在繩子外圍鏟土，把土堆高作畦。

5
用耙把畦面確實整平。

關聯項目 施肥 →P86

蔬菜苗的定植

蔬菜的生長會深受溫度及日長的影響，因此在適合期定植最為重要。有時市場上會提早開始販售菜苗，購入之後也請務必等到適合期再栽種。

喜歡高溫的青椒、番茄、茄子等夏季蔬菜，若過早栽種，會因溫度不足而生長欠佳。夏季蔬菜請等到確實回暖的時候再栽種。

苗的生長狀態，也可作為定植與否的依據。舉例來說，番茄及茄子開出第一朵花，高麗菜長出5、6片本葉，便是適合定植的時期。

定植的時候，為了避免種苗彎折或是枯萎，最好是選在無風的陰天進行。

定植的重點

定植時為了避免產生傷到植物，請先在植穴注入大量水分後再種植。另外，定植前先替苗澆水，就不必鬆開根團，減少根部受損機會，讓作業順利進行。苗用淺植栽種，讓子葉露出地面。

青花菜的栽種

1 已生長 5～6 片葉子的菜苗是適合定植的苗。

2 在完成開溝施肥的畦上取出 40～50 公分的植株間距，挖出根團大小的植穴，然後注入充分的水。

3 待水分滲入後，不需鬆開根團、不埋住子葉地淺植，然後給予大量的水分。

與定植同時進行的作業

為了讓定植後的根團適應田地的土壤，必須往植株基部給予大量的水分。初春到入秋為了防寒及防蟲，可覆蓋紗網等隧道棚。另外，也請立起暫時支柱，讓苗不會被風吹倒。

立起暫時支柱

為了不讓苗被風吹得搖來晃去，可立起暫時支柱予以支撐保護。

用帳棚防寒

夏季蔬菜若擔心天氣尚未回暖而受寒，可用帳篷防寒。

利用共榮作物

利用可共同合作、相互影響的「共榮作物」，幫助培育出沒有病蟲害的蔬菜。例如將青蔥和小黃瓜種在一起，小黃瓜就比較不容易發生蔓枯病。

如何防止連作障礙

若在同一塊田地連續種植相同種類或科屬的蔬菜，會容易發生病蟲害，導致收穫量減少。這種現象稱為「連作障礙」。

為了防止連作障礙，不在相同場所種植同種同科的蔬菜很重要。左方的表格，整理出蔬菜在相同場所需要的休耕年數，請以此為基準，有計畫地進行栽培。

另外，也可搭配採取改變蔬菜種類的「輪作」，或是用嫁接苗等植物來減少連作障礙的風險。

少有連作障礙	建議休耕 5 年	建議休耕 3～4 年	建議休耕 2 年	建議休耕 1 年	
◆南瓜 ◆洋蔥 ◆紅蘿蔔 ◆番薯 ◆韭菜 ◆玉米	◆牛蒡 ◆西瓜 ◆豌豆 ◆茄子	◆小黃瓜 ◆越瓜 ◆番茄 ◆黃金瓜 ◆芋頭 ◆蠶豆 ◆青椒	◆高麗菜 ◆馬鈴薯 ◆花生 ◆四季豆 ◆白菜	◆茼蒿 ◆菠菜 ◆萵苣 ◆芹菜 ◆山芹菜 ◆苦瓜 ◆青蔥	種類

關聯項目 施肥 →P86／澆水 →P72／病蟲害 →P196

草坪草的定植與管理

日式或西式庭園都適合的代表性地被，就是草坪。日本使用的草種約有20種，想要打造美麗的草坪，首要任務就是挑選符合地區氣候的種類。

草坪草有「暖季草」及「冷季草」兩種，各有不同的生長周期及管理方式。冷季草耐寒性強，冬天也可維持鮮綠，缺點是不耐夏季高溫多濕及病害，因此適合栽培的地區僅限於日本北海道及東北等寒冷地區。日本關東以西，冬季露出地面的部分會枯萎，比較適合栽種耐夏季暑熱及乾燥的暖季草。

庭園植栽最常用的日本原產高麗芝（韓國草）及野芝屬暖季草，強健容易栽培，可打造出細緻美麗的草坪。

註 台灣多用台北草，比韓國草寬，質地柔軟也耐踐踏。

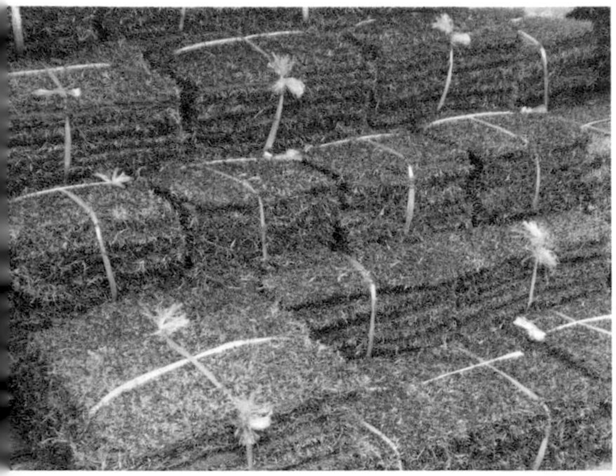

草坪苗（草塊）的挑選方法

草坪苗通常會處理成 28 公分 ×36 公分的草塊，10 塊綁成一綑（約 1 平方公尺）於初春在市面上販售。挑選時的首要條件是全新品，其次則是尚未乾燥枯黃，草塊之間不顯悶濕。

memo

草坪除了欣賞其寬廣的綠意之外，同時具有襯托花草的效果。

草坪庭院

庭園以鮮綠草坪為主的時候，應控制在只有幾株主樹，避免栽種過多花草樹木，不僅日照良好，還可賦予狹小草坪寬闊感。

鋪設的樣式

草坪草的鋪法有「平鋪法」、「接縫鋪法」、「市松格紋鋪法」等等，一般自家鋪設時，推薦採用草塊與草塊之間距離 3 公分的接縫鋪法。

市松格紋鋪法
草塊排列成市松格紋的方法。材料為平鋪法的一半，但是到自然生長完成約需 2～3 年，且容易長雜草。

條狀鋪法
草塊排成有間隔的條狀，形成一排排條紋的方法。所需費用比平鋪法便宜，到生長完成約需花 3 年時間。

接縫鋪法
草塊之間距離 3～4 公分，空隙用土填滿的方法。

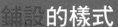

平鋪法
草塊之間沒有空隙的排列方法，因此需要用到大量的草塊。

日本草及西洋草

日本草屬於暖季草，有野芝及高麗芝等種類，廣泛應用在家庭及公園等場所。西洋草屬於冷季草，只要播撒草籽，冬天也可以打造綠意草坪。

本特草
高爾夫球場的綠地常用的西洋草。生長快，小而纖細。雖然可打造出美麗的草坪，但不耐暑熱及乾燥，容易生病，不適合家庭用。

高麗芝
日本原產的草坪草之一。夏天生長良好，因耐寒性較弱，冬天露出地面的部分會枯萎。草質地細緻，可打造出美麗的草坪。

關聯項目 園藝栽培曆 →P206～208

草坪草的鋪設重點

適合定植草皮的時期是 3 ～ 4 月。挑選有充足日照的場所，確實翻耕整地，打造出排水良好、養分豐富的土壤後再行定植。陰涼、潮濕、養分過少的話，會發育不良導致枯萎。栽種後給予大量的水，讓苗好好適應土壤。春季～秋季的生長期間，要勤於除草、割草及施肥。

草坪草的鋪設步驟（以接縫鋪法為例）

1 為了讓根能夠確實地伸展，挖出 20 ～ 30 公分、約莫可隱藏圓鍬刀刃部分的深度，確實地翻耕整地。

2 用耙子弄碎土塊同時去除碎石與雜草，然後把土耙平。

3 接著用平耙一邊把土整平，一邊弄出緩緩的斜面以利排水。

4 以 3 ～ 4 公分的間距，從邊角開始排列草塊。利用板材讓間距寬度一致。

5 邊緣的部分若不足一塊草塊，可用剪刀裁成相符大小後再行鋪設。

6 排列完成後，站在板子上用力踏壓，讓草塊與土壤緊密貼合。

7 用土把接縫處填滿。

8 用竹掃帚一邊清掃，一邊把接縫土平均塞入草坪。

9 為了讓草坪草習慣土壤，用裝有小洞孔的蓮蓬頭噴水槍，給予可充分滲入苗裡的大量水分。

10 草坪庭院完成。

草坪的照料管理

要讓草坪維持鮮綠美觀，必須定期進行保養。使用草坪管理的專用工具，替草坪進行回春的「更新作業」。

割草

生長期間的 4～10 月，每個月割草 2～3 次，讓草坪草維持在 3～4 公分的高度。

去除草坪的雜草

雜草很可能會破壞草坪，因此一旦發現就用小鐮刀連根去除。

關聯項目 園藝栽培曆 →P206～208

美麗的地被植物

如同草坪般大面積覆蓋的花草稱為「地被植物」。牆面、斜坡、日照良好的地方、半日照的樹陰及建築物背面等處，不同日照條件適合的植物不同，請根據種植場所挑選適當的植物。

芝櫻

適合全日照場所。粉紅色及白色小花覆蓋地面。

宿根美女櫻

適合全日照場所。花色豐富，廣泛覆蓋地面。

匍匐筋骨草

適合半日照場所。藍紫色的塔狀花朵大量綻放，如同地毯般遍布生長。

遍地金

適合半日照場所。植物低矮遍布黃綠色葉片，鮮黃色的花也非常漂亮。

野芝麻

適合半日照或全日照場所。橫向擴展，開有粉紅、白色、黃色的花朵。

花韭

適合半日照或全日照場所。夏天露出地面的部分會枯萎，星型的花朵非常美麗。

頭花蓼

適合半日照或全日照場所。藤蔓會伸長擴展，秋季會開滿花朵。

過江藤

適合全日照場所。耐得住輕微的踐踏，茂密繁盛，初夏會開白色小花。

part 4

每日的照料與管理

一眼判別健康狀態

每天巡視一次植物，檢查其外觀狀態，可及早發現病蟲害或判別衰弱植株，盡速處理避免災情擴大。

葉蟎類大多會寄生在葉子背面，所以不只是葉子表面，背面也必須仔細檢查。樹木出現鋸子鋸過般的木屑，或是果實上有洞穴，都是害蟲搞的鬼。

另外，植株從下方往上枯萎、新芽不會生長、葉片未到落葉期就開始凋落，都是根部腐爛所致，是該移植的警訊。盆栽植物也須檢查介質的乾燥狀況。

培育健康植物的要領，在於養成隨時觀察植物狀態的習慣。

健康狀態的判別方法

葉色泛黃、發白、乾枯萎縮，是水分、肥料及日照不足所致。仔細觀察找出原因。

確認介質的乾燥狀況

盆土的表面有點發白，表示介質乾燥。一旦乾燥就須給水。

是否留有殘花

開過的花（殘花）會讓植株衰弱，是病蟲害產生的原因，請盡早摘除。

植株基部的葉片是否枯萎

下葉枯萎是缺水或根部腐爛的警訊。請馬上給水，若是根部腐爛須馬上移植。

memo

根系運作能力一旦變差，葉片就會變黃。這是該移植的警訊。

不耐寒的觀葉植物，凍傷會讓葉色變黑。

檢查葉片顏色

葉色變黃，有可能是缺水、缺肥料、或是遭受葉蟎侵襲。

檢查葉片背面

葉蟎及介殼蟲大多寄生在葉子背面。葉片表面出現些許異狀時，也請檢查葉片背面。

葉片有白色條紋

葉片表面出現文字般的白色條紋，表示遭受斑潛蠅幼蟲的侵食。

檢查莖幹及枝條

檢查盆器周圍或是葉面是否有害蟲遺留的糞便。

枝幹出現小洞或是木屑，都是害蟲所為。

關聯項目 病蟲害 →P194 ～ 205／園藝栽培曆 →P206 ～ 209

不失敗的澆水方法

俗話說「澆水三年功」，意指「澆水」是看似容易，實則困難的一門技巧。當植物需要水的時候，設法給予必要的水量是要點所在。

種在庭園的植物，深入地下探求水分的細根，具有往上吸取地下水的能力，因此除非相當乾燥，否則不需要給水。但若遇到炎夏連續日照，還是會萎縮枯萎。

此外，地溫與水溫差異大的夏天，請在涼爽的早晨或傍晚給水。

一次大量給水後，就不須時常給水，因為頻繁給水反而會讓根部發展變慢。施用覆蓋物來保護植株基部，也可避免水分快速蒸散。

澆水的基本作法

開花期間，澆水時直接注入植株基部，不要淋到花朵。給予可從盆底流出的量，給水之餘同時運送新鮮空氣。

正確的澆水
用蓮蓬頭灑水壺往植株基部澆水。給予大量的水分，讓盆器的容水空間注滿水，同時還可從盆底流出。

壓住澆水口可減弱水流，避免泥水飛濺到花草上。

澆水口抵在手上可減弱水流，同時改變水的方向。

memo

以大量豪邁的方式澆水，可藉此擠壓出盆土中的舊空氣。

介質過乾時的澆水方法

用雙手捧住盆器，一口氣沉入裝滿水的塑膠盆中，浸泡到不會浮現泡泡為止。

蓮蓬頭的使用方法

蓮蓬頭朝下的話，可集中給水。

蓮蓬頭朝上的話，可大面積地溫和給水。

園藝知識補給站

夏天與冬天的澆水方法不同

夏天，看到盆土表面泛白變乾時就須給水，但如果是中午給水，變溫的水會傷害植物根部，因此請盡可能在一大早給水。另外，水管中殘留的水會變燙，別馬上往植物上澆，先確認水溫再澆水會比較保險。
冬天，是盆土表面泛白變乾後 2 ～ 3 天給水。另外，水管內的水有可能會過冷，請使用室內裝的水。

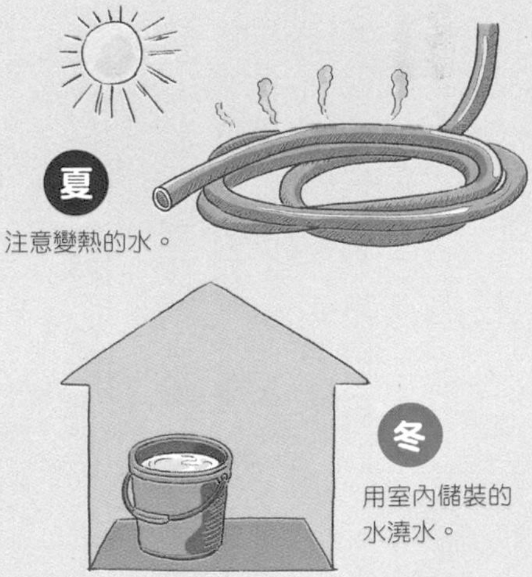

關聯項目 澆水的器具 →P18 ／夏季的管理 →P184 ／冬季的管理 →P189

盆栽的澆水方式

種在盆器中的植物，最重要的管理作業是澆水。因為生長空間有限，所以與地植不同，無法從地下吸取水分。

澆水時若只澆在介質表面，盆器下方依舊乾燥，植物很容易就會枯萎。

介質的種類、盆器的大小、置放的場所、季節等因素，都會影響介質的乾燥速度，不過基本上，只要看到介質表面有點變白變乾就須給水，一旦乾裂就太晚了。請一次大量給予可從盆底流出的水分。這麼一來，在供水之餘，還可將積在介質中的舊空氣汰換成新鮮空氣。

澆水的時機

水給太多對植物也不好。介質經常處於浸水的狀態，根部無法獲得新鮮的空氣，會導致根部腐爛。澆水不一定是一天一次，請檢查介質的表面，判斷植物是否需要水分。

用介質的顏色判斷澆水時機

鹿沼土變乾時會變白（左），潮濕時會變茶褐色（右），可藉此判斷澆水時機。中間是最初的乾燥狀態。

鹿沼土變白，是該澆水了。

讓介質不容易變乾的小巧思

介質表面覆蓋樹皮碎片、水苔或泥炭土，可抑制水分蒸發，防止乾燥。

園藝知識補給站

庭園栽種也須適時澆水

平常不需要澆水的庭園及花圃植物，如果夏天連續放晴還是會枯萎，花會變小，此時請給予大量的水分。只不過，頻繁給水的話根部不會伸長，等乾燥時再澆水即可。

1 植株周圍挖出儲水用的溝槽。

2 往溝槽給水，水滲入後再次給水，讓土中吸足大量的水分。

不同盆器的乾燥速度也有所差異

素燒陶盆的吸水性及透氣性極佳，多餘的水分會因此蒸發，介質變乾速度快。

塑膠盆吸水性及透氣性欠佳，介質變乾速度慢。

綠手指的小祕訣！

就算下雨也須澆水？

置於屋簷下或是被樹木枝幹遮住的吊盆，即使下雨，雨水也不會流進介質中。
吊盆非常容易變乾，就算稍微淋濕，介質內部也不會變濕潤。遇到下雨時若覺得不放心，還是確認一下介質濕度狀況比較好。

memo

容易變乾的花環，可取下浸泡在裝水的容器中。

關聯項目 盆器 →P24 ／移植 →P179

有效的施肥方法

植物要能夠綻放碩大的花朵、結出新鮮美味的蔬菜水果，都需要大量的養分。

肥料是植物的食物，要使其正常生長，除了水分之外還需要肥料。其中需要大量攝取的，是稱為「肥料3要素」的氮（N）、磷（P）、及鉀（K）。

這些要素的效用不同，氮又稱為葉肥，磷是花肥，鉀是根肥，而植物生長階段所需的要素也不盡相同。只不過，養分並非獨自發揮效用，因此不可過於偏重特定成分，均衡施用才是要點所在。

另外，養分是由根部吸收，因此在根部活動期施用會更有效果。此外，在植物順利生長期間適量地施用肥料也很重要。

均衡施用肥料

施肥時不偏重特定成分是重點所在。舉例來說，若氮過多，會出現肥傷、莖葉徒長、蔓葉徒長而無法開花結果的現象，過於偏重單一要素，常是導致栽培失敗的原因。

肥傷　莖葉徒長　蔓葉徒長

園藝知識補給站

肥料包裝上5-10-5指的是什麼？

肥料的包裝上，標示有5-10-5或8-8-8等數字。這些是肥料中氮、磷、鉀的含量比例，整體為100時各自的重量。5-10-5，就是氮5%（5公克）、磷10%（10公克）、鉀5%（5公克）。3要素的比例合計超過30%的是高度化學肥料，低於30%的則是低度（普通）化學肥料，花圃建議使用低於30%的肥料較為保險。

標示氮、磷、鉀的含量比例。此標示法世界通用。

肥料5要素

肥料的作用

除了3要素外，其他還必須多少補充鎂及鈣等養分。這兩種包含在內可稱為肥料5要素，各自不可單獨活動，需要各種養分協同合作好讓植物生長。

P

磷（花肥）

若在生長初期施用，可讓根、莖、葉數量增加，花及果實良好發育。

N

氮（葉肥）

產生葉綠素，促進生長，活絡養分吸收及同化作用。

Mg

鎂

輔助磷的吸收及光合作用。

K

鉀（根肥）

與光合作用有關，打造耐寒耐熱、對抗病蟲害的抵抗力。

Ca

鈣

促進根部發育，改良土壤酸度。

memo

花朵大量覆蓋植株的盆花少不了肥料，但須留意不可施用過量。

關聯項目 施肥 →P76～89

肥料的種類與作用

肥料可大致區分為「有機肥」及「化學肥（無機肥）」。

有機質肥料，指的是油粕、骨粉、雞糞、魚粕這類以動植物為原料的天然肥料。透過土中的微生物將原料分解後，根部才會開始吸收，因此需要一段時間才會出現效果。只不過，也因為效果緩慢，不必擔心肥傷導致根部受損，可安心使用。

化學肥，主要是以化學合成的人造肥料，也稱為「化成肥」。肥料成分含量高且容易溶於水，可讓根部直接吸收，效果立現。

化學肥除了包含3要素的，還有第88頁的單質肥料這類只含一種成分的產品。使用等量包含3要素的比較方便。

建議準備的肥料種類

肥料有溶於水使用的、覆蓋在介質上等各式種類，肥料效果也不同，請根據目的選用。

固態有機肥

骨粉、魚粉、油粕等有機質混合而成的固態肥料。成分會慢慢溶解釋出，可作為追肥使用。

memo

肥料根據效力差異可分為速效性肥料及緩效性肥料。請根據目的挑選。

粒狀、粉狀有機肥

使用油粕及魚粉等有機質肥料製成粒狀或粉狀的肥料。具遲效性，故適合作為基肥，也可用作追肥。

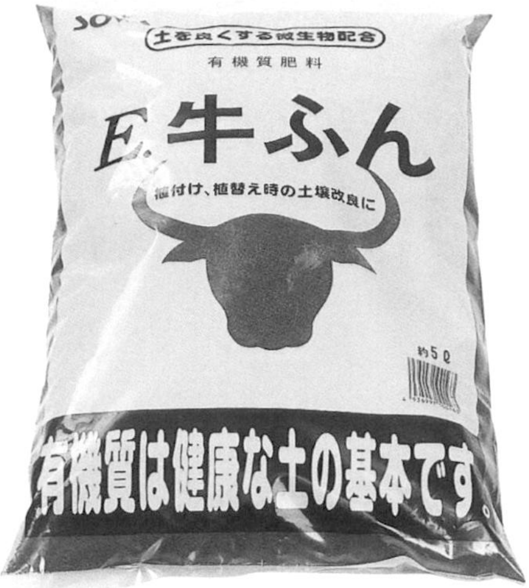

牛糞

使用牛的糞便乾燥製成，是均衡性較好的肥料，適用於番茄、茄子等蔬果類。

液肥

水溶性的化學肥，有粉末狀需溶於水使用的，以及可直接使用的產品。具速效性，適合用作追肥。

速效性化學肥

化學合成的肥料，可迅速溶解，因此容易引起肥料障害，須適量施用。

緩效性化學肥

外層以樹脂包裹的顆粒狀化學肥，會緩緩溶解，效果持續。可作為基肥使用。

關聯項目　施肥 →P76 ～ 89

根據目的施用肥料

肥料須配合植物的生長狀況來施用。植物生長期的前半階段，為了促進枝葉繁茂，須施用有助生長的氮含量多的肥料；中期到後半階段，則需要施用可促進發芽、開花、結果的磷含量多的肥料。

如上所述，因為植物生長過程所需的要素不同，所以必須根據目的施用不同的肥料。

只不過，雖然須配合生長過程施用必要的要素，但是生長初期如果只施用氮，會讓植株徒長衰弱，無法健壯生長。

磷及鉀也很必要。不要只使用單質肥料，須選擇必要成分比其他成分含量多的均衡性肥料。

肥料的施用時期

肥料３要素（N：氮、P：磷、K：鉀）的成分含量比例不同，是為了配合每種植物的需求不同。另外，生長過程各階段所需的養分也不同，請適時地施用包含必要元素的肥料。

開花、採收後（上揚型、右上揚型）
多年生草本植物為了隔年的發芽，在葉片枯萎前，須施用讓植株健壯、根部結實的鉀含量多的肥料。也適合球根植物及根菜類。

生長前半期（下降型、右下降型）
為了壯大枝葉，須施用氮含量較多的肥料。也適合觀葉植物及葉菜類。

生長中期～後期（山型）
長花芽、結果實的時期，施用磷肥成分多的肥料，可促進開花結果。

memo

盆內環境與庭園土地不同，生長過程中需要追肥。請將置肥放在遠離根部的盆器邊緣。

基肥與追肥

肥料的使用方法有「基肥」及「追肥」。

翻耕、播種、定植種苗時施用的肥料是基肥。請施用肥效長久持續的緩效性或遲效性肥料。

隨著種苗及樹苗的生長，基肥的肥料成分會逐漸流失，須視生長狀況追加肥料，追肥適合使用速效性的液肥及化學肥。

基肥的施用方法

基肥是在開始生長前施用。

追肥的施用方法

追肥是在生長過程中施用。錠劑型的緩效性化學肥在給水時會溶解出肥料成分，適合作為追肥。施用方式是直接放在介質上。

寒肥、禮肥與促芽肥

庭木、花木、果樹等在寒冬休眠時，施用雞糞、油粕等有機肥稱為「寒肥」，是基肥的一種。為了在初春長出健康的芽，故於冬天施用。

「禮肥」，是花開後或果實採收後，用來「感謝天賜鮮美果實、美麗花朵」的感謝用肥料，是追肥的一種。主要是施用於花木、果樹及球根植物，為求植株盡快恢復體力，故使用效力快的化學肥。另外，追肥之一的「促芽肥」，主要是在初春時施用。

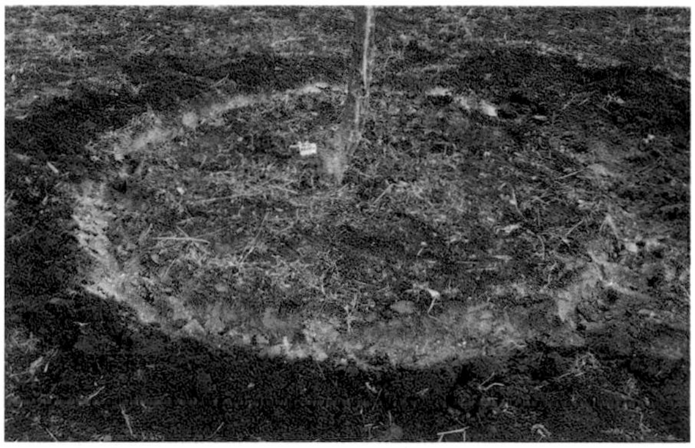

寒肥的施用方法

為了迎接春季的活動期，在植物暫停生長的冬季施用。

促芽肥的施用方法

植物順利生長，芽開始冒出時施用。

禮肥的施用方法

花木開花後或果樹採收後，為了讓衰弱植株復原而施用。

關聯項目　施肥 →P76 ～ 89／園藝栽培曆 →P206 ～ 207

盆栽的肥料施用方法

介質用量有限的盆栽植物，栽種時就算施用了足夠的基肥，也會因澆水而流失，導致養分不足，因此隨著植物生長必須適時補給必要的肥料。

生長期間葉色變淡、花朵變小，是營養失調的症狀。這些都是忘記追肥、施用時期太晚所致，請務必立刻施用追肥。

只不過，肥料過多也會造成傷害。若施用過量，根部無法吸收，介質中的肥料濃度變高，會掠奪根部的水分，最終導致枯萎。這種狀況稱為「肥傷」，是比肥料不足更棘手的症狀。

施肥的重點在於避免大量施用，請分成數次少量均衡地給予。

基肥的施用方法

定植種苗的時候，事先將肥料混入介質。基肥足以影響之後植物的生長，因此請使用 3 要素均衡、效力持續的肥料。

1 赤玉土 6 與腐葉土 4 的混合土 1 公升，加入化學肥 3 ～ 4 公克。

2 均勻混合介質。

3 置放一週充分融合後即可用來栽種。

memo

活力劑，是在植物沒有精神時給予，可增加根部的活力。

綠手指的小祕訣！

堆肥發霉了，置之不理沒問題嗎？

盆栽澆水時會讓固態的油粕發霉，不禁會讓人擔心是否會影響植物。但是，這些黴菌並不會感染植物使其生病，若肥效還在，繼續放在介質上也沒問題。

發霉的油粕。

追肥的施用方法

置放在介質上，或是淺淺地埋入介質。大顆粒及錠劑型的肥料，放在離植株基部遠一點的地方，澆水時從肥料上方給水。肥料並非施用一次就好，約 1 ～ 2 個月效力就會減少，即使還有殘留也請清掉舊肥料，替換成新的肥料，並且放在與上一次不同的位置。

放得太靠近植株基部會傷害植物，請放在盆器邊緣，避免接觸到根部。

遵守液肥的稀釋比例，取代給水施用。

液肥的施用方法

液肥的效力比固態肥料更快速，有粉末及液狀，加水稀釋使用時，請務必依規定稀釋後再使用。肥效 7 ～ 10 天左右，生長旺盛時每週 1 次，取代給水，大量施用可從盆底流出的量。

園藝知識補給站

液肥遵守稀釋倍數（稀釋方法）可提升效果

液肥請養成正確用量的習慣。不管是液狀或粉狀，皆以 1 公克＝ 1cc 為基準，液肥可用小型量杯或有刻度的蓋子取原液 1cc，與 1 公升的水拌勻成稀釋 1000 倍的液肥。另外，2 公升的寶特瓶裝滿水，加入 2cc 的原液，則可取得稀釋 1000 倍的液肥 2 公升。

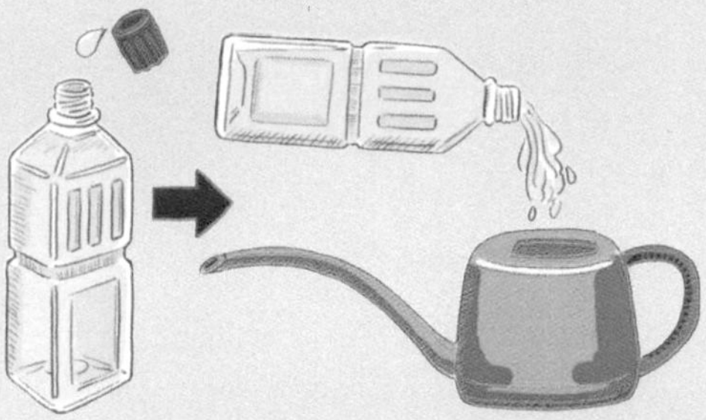

可把牛奶盒或寶特瓶洗乾淨後作為量水容器。
將稀釋的肥料充分拌勻，再裝入澆水壺施用。

關聯項目 施肥 →P76 ～ 89 ／定植 →P50

庭園的肥料施用方法

庭園中的土本身就含有肥料成分，因此庭園栽種的樹木不須像盆栽一樣頻繁施肥。只不過，樹苗、幼木、綠籬，建議冬、春、入秋時仍需給予肥料。樹木的枝條不斷伸長，根部也會持續擴展，因此在根部附近施用肥料會更有效果。

果樹採收果實後，可施用禮肥；另外，為了在春天健康發芽，也可在冬季施用可緩緩吸收的寒肥。

雪柳或杜鵑花這類灌木植物，在樹冠下方內側散布有機肥，再用淺耕方式與土充分混合。

花圃的多年生草本植物，在花開七成左右到花期結束時，散布緩效性化學肥，在植株周圍用中耕方式（參考第94頁）與土充分混合。

memo

雪柳1～2月及9月時施用肥料，可讓花盛開到看不見枝條的程度。

庭園栽種的施肥方法

喬木在樹冠正下方挖溝埋入肥料，灌木及多年生草本植物則是散布在樹冠的內側，然後與土充分混合。

灌木及多年生草本植物的寒肥及禮肥施用方法

1 淺淺挖掘植株基部附近的地面，把有機肥均勻散布後用土掩蓋。

2 留意別傷到根部，邊混合邊把土埋回去。

花圃中多年生草本植物的肥料施用方法

肥效長久持續的有機肥，或是緩效性化學肥散布在植株基部，以中耕方式與土混合。

庭木、果樹的寒肥及禮肥施用方法

1 將繩子裁剪成樹冠下吸收養分用之細根範圍的長度，綁在樹木上畫出圓形。

2 在畫好的圓外側挖出約 20 公分的深溝。

3 用作寒肥的肥料，可使用油粕、骨粉、草木灰等來調配。

4 將調配好的有機肥施放在溝內，再把土輕輕地埋回去加以混合。

關聯項目 施肥 →P76 ～ 89／定植 →P58

蔬菜的肥料施用方法

種植蔬菜時，播種或定植種苗前須在土中混入基肥，生長途中則須施用追肥。

蔬菜具有各式種類，有的是取其葉片，有的是取其果實，有的則是取其根部。不同的種類或生長階段，養分的吸收量不盡相同，基肥和追肥的量，以及施用次數也須隨之改變。

就算給予超過需求的量，多餘的部分也無法回收。肥料不足並不會讓蔬菜枯萎，施用太多反而會導致枯萎。

施肥時最重要的，是考量到肥料所含成分、種類、效力快慢來均衡施用。而施肥的訣竅，則是把適量的肥料，施用在根部容易快速吸收的地方。

全面施肥及開溝施肥

基肥的施用方法有「全面施肥」及「開溝施肥」。請根據根的伸展方向及生長期間，採取適合的施肥方法。

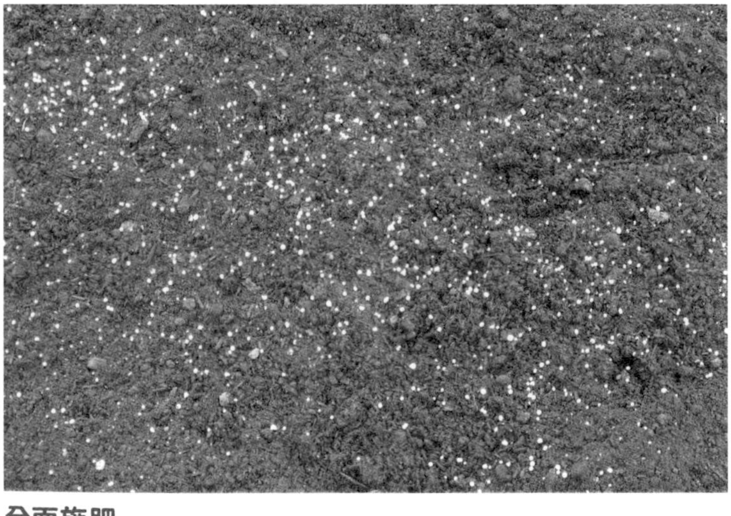

全面施肥

把堆肥等有機質及化學肥散布在整片田地上，與土確實混合。建議在耕作前２～３週施用，使其充分融入土壤。白蘿蔔及紅蘿蔔等直根的根菜類、小黃瓜等淺根性的蔬果、小松菜及菠菜等栽培期短的葉菜類，適合此種施肥方法。

memo

白蘿蔔如果碰到結塊的肥料，很容易會因此變形，故採取全面施肥來栽培。

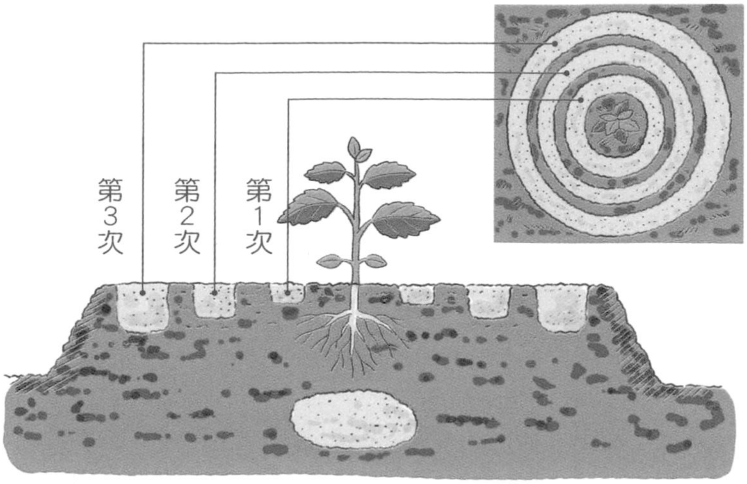

補充養分的追肥

栽培期長的蔬菜，生長時的肥料吸收量也多，因此需要追肥。施用在植株基部、植株周圍、畦地整體等根部可迅速吸收的場所，以中耕方式與土充分混合。多次追肥時，請按照根的伸展狀況，慢慢遠離植株地施用。

綠手指的小祕訣！

葉子也會吸收養分？

暫時性的肥料缺乏而發育不良時，將肥料散布於葉片上，可恢復肥料的吸收。

肥料 5 要素及微量要素製成的液肥，散布在葉片上會比施用在土中更快吸收。市面上有販售專用的葉片散布劑，用噴霧器將依比例稀釋的液肥平均噴灑在葉片兩面。

只不過，說到底終究只是應急辦法，重要的還是確實整土、不忘記追肥。

開溝施肥

畦面中央挖出一條溝，溝中施放堆肥等有機質及化學肥。高麗菜及白菜等栽培期長的蔬菜、番茄及茄子等深根性的果菜，適合此種施肥方法。

局部施肥

開溝施肥的一種。在定植場所挖出圓形的植穴，埋入基肥的方法。葉片肥大、植株間距寬廣的櫛瓜、西瓜及南瓜，適合此種施肥方法。

關聯項目　作畦 →P60 ／施肥 →P76 ～ 89

單質肥料的優點與注意事項

氮、磷、鉀3要素中，僅包含其中一項元素的肥料稱為「單質肥料」。

通常，植物會使用養分均衡的複合肥料，但也有在生長初期、發花芽的時期、結果實的時期等生長過程，只補給特定養分的狀況。此時可施展威力的就是單質肥料。單質肥料因為只包含單一要素，所以可在必要的時期直接使用，對症下藥。

只不過，單一要素施用過多，會導致植物栽培失敗。單質的無機肥的肥料成分含量高，給予超過植物所需的量會引起肥傷，容易出現肥料障害，導致生長變差，使用時請務必仔細閱讀說明書。

單質肥料的優點及注意事項

肥料 3 要素中，只包含單一要素的稱為單質肥料。巧妙運用可獲得極大成效。

氮成分的單質肥料	硫胺	速效性的氮肥。溶於水也可作為追肥
	尿素	氮成分多。溶於水也可散布於葉面
	石灰氮	遲效性，故用作基肥。也具消毒土壤的效果
磷成分的單質肥料	過磷酸鈣	肥效快的磷酸肥。也可用作基肥
	熔磷	遲效性，故肥效長。可用作基肥
鉀成分的單質肥料	硫酸鉀	即效性。施用過多會引起鎂缺乏症※
	氯化鉀	即效性。附著在莖葉會造成肥傷

※ 鎂缺乏症，是因過量的鉀肥導致葉脈之間黃化的缺乏症。

綠手指的小祕訣！

洗米水 適合用作肥料？

洗米水，也可作為有機肥使用，但由於不包含氮、磷、鉀等養分，故不可期待其媲美肥料的效果。另外，頻繁給予濃濃的洗米水，囤積於介質表面的雜質可能會造成腐爛。

洗米水不當作肥料，而是稀釋後替代給水也不錯。然後，再另外施用 3 要素均衡的肥料。

要素施用過多是失敗的根源

若土壤中含有過多的特定養分，會導致植物無法吸收其他養分。只想補充特定養分時，請多花心思均衡適量地施用，以免引起肥料障害。

肥料不足的石竹
出現葉片顏色發黃變淡，花變小，數量也變少等發育不良的症狀。

肥料施用過多的馬蹄金
葉色變深，看起來異常肥大，根部枯萎，葉片也開始枯黃。

園藝知識補給站

發生肥傷的植株回復法？

當植物生長變差而想施用肥料之前，請先確認不健康的原因！像是：水分不足、肥料供給過量、遭受病蟲害、置放場所不當等等。
若是因肥料給過多而引起的肥傷，請清除置肥，同時給予大量水分沖洗出土中的養分。復原前先暫時只給予水分，等新芽開始生長後再施用肥料。

關聯項目 施肥→P76～87

讓花朵持續綻放的開花後修剪

花開過後，花瓣會變色枯萎變成「殘花」。枯萎的殘花置之不理，不僅影響美觀，養分還會被用去結種子，導致下次的花無法綻放，或是只能開出小小的花朵。

尤其是開花期長的一年生草本植物，一旦結種子就會變虛弱。不只是枯萎的花瓣，連同整個子房一併摘除不讓其結種子，是讓花朵持續綻放的重要作業。

另外，殘花若掉在葉片上，會變成灰黴病等病害的發生源，所以每天早上巡視，勤於去除凋落的殘花也很重要。還有，為了預防病菌的傳染，建議用手摘除，若要使用園藝剪刀，請先消毒乾淨再使用。

不同植物的開花後修剪

根據植物種類的不同，修剪殘花的方式也有所差異。例如鬱金香及水仙等球根植物，為了讓球根變肥大，從花首的部分折斷，一串紅則是把從下方依序修剪掉開過的花穗。

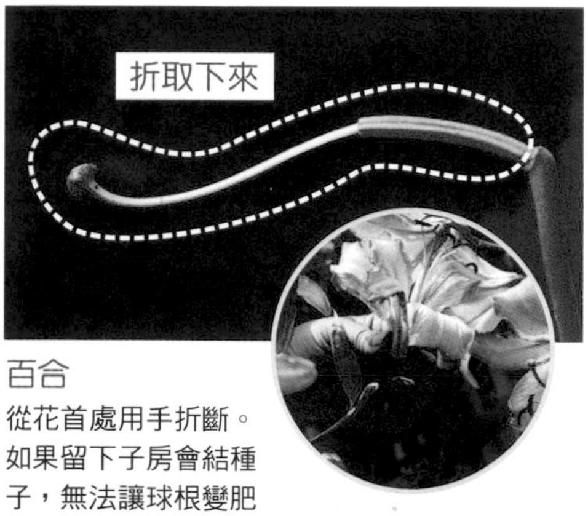

百合
從花首處用手折斷。如果留下子房會結種子，無法讓球根變肥大。

玫瑰
為了能再次長出好的枝條，殘花從一、兩組五片葉的位置，兼具回剪作業地修剪掉。

牡丹
趁殘花尚未散落前在花朵下方位置剪除。葉片不要修剪掉，即使只有一片也要保留。

一串紅
最上面的花開的時候，整個花穗也會持續衰竭，故將整個花穗剪除。

三色菫、小三色菫
結種子會讓植株疲累導致花況不佳。將殘花連同花莖一併摘除，可讓開花期變長。

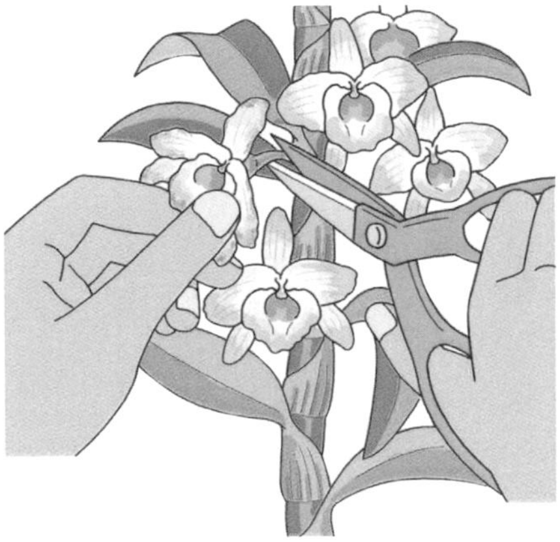

石斛蘭
殘花依序從花梗處修剪掉，不可剪到儲存養分及水分的莖。

風信子
花莖較粗，若把花莖修剪掉會容易生病，須逐一仔細地摘除殘花。

仙客來
花朵褪色後，抓住花莖一邊扭轉一邊摘除。勤於摘除殘花，可讓花開得更好。

園藝知識補給站

開花後修剪的理由

掉落黏附在葉片上的殘花一旦腐爛，就可能讓植物生病。花朵枯萎前會一一凋落的長春花也是，掉下的殘花不可置之不理，務必好好清理乾淨。

新幾內亞鳳仙的花很大，建議趁掉落前把枯萎的花摘除。

關聯項目 健康檢查 →P70

讓花再次綻放的回剪

開花期長的花草任其恣意生長，植株會顯得紊亂不美觀。不僅如此，莖幹下部的葉片也會開始枯萎，花朵變小，花的數量也會減少。

花朵最盛期過後，修剪伸展過長的莖或枝條的作業，稱為「回剪」。藉由回剪，可促使萌發側枝、整理姿態，使其再次綻放花朵。回剪程度因植物大小而有所差異，但大致上是回剪至植株高度一半到3分之1的程度。

金雞菊、美女櫻、薄荷這類生長快速的多年生草本植物，是採取深剪；石竹及木春菊這類生長慢的花草，以及接連開花的一年生草本植物，則淺修即可。另外，務必在健康的腋芽正上方進行修剪。

回剪 讓花再次綻放

開花的顛峰期過後，若將枝條及莖回剪至約一半高度，到了秋天就會再次綻放許多花朵。回剪還有整頓整體姿態的優點。

瓜葉菊的花序摘除

花開過後進行回剪作業，可欣賞再度綻放的花朵。

孔雀草的修剪

夏季花朵數量變少時，回剪至約一半高度，到了秋天就會再度綻放。

防止倒伏 讓花綻放

高度超過 1 公尺的紫孔雀、宿根鼠尾草等植物，若在初夏回剪至 10 ～ 20 公分的高度，到了秋天就不會倒，且可綻放花朵。另外，悶熱的植株基部會讓葉片變黑，透過回剪可讓日照及通風變好，防止葉片腐敗。

鬼針草屬的修剪

6 月中旬到 7 月回剪可避免倒伏，到了秋季會長成小巧姿態並綻放花朵。

園藝知識補給站

回剪同時施用液肥

從初夏持續綻放的一串紅、木春菊等植物，到了盛夏就會肥料不足，導致植株衰弱，花朵變少。此時可藉由回剪減輕植株負擔，同時為了儲備秋天時開花的體力，也請施用液肥。因正值暑熱時期，所以請稀釋成比標示的稀釋濃度多 2 倍後再施用。

memo

回剪的重點，是確實找出腋芽，然後在其正上方進行修剪。

木春菊的回剪

梅雨時期，在長出腋芽的地方修剪掉茂密的莖部及枝條。

莖的基部木質化的宿根草

木春菊、銀葉情人菊、宿根鼠尾草這類植物，莖部在生長過程中會木質化，若在茶褐色的木質化部分修剪，會長不出腋芽，須在有新芽及葉片的綠莖部分輕輕回剪。

綠手指的小祕訣！

也有不須回剪的植物？

隨著枝條伸長會開出許多花朵的芝櫻及松葉菊，以及花開後會枯死的一年草三色堇、小三色堇，只需進行開花後修剪，不需要回剪。

芝櫻

松葉菊

三色堇

關聯項目 施肥 →P76 ～ 89／定植 →P50

利用中耕讓根深入土層

不論是田地、花圃、盆栽，只要長時間栽種植物，皆會因為降雨及澆水的影響而讓土變硬，導致透氣性及排水性變差。此時，可使用鋤頭或小耙子等工具，輕輕翻耕土壤表面，把硬掉的土壤弄鬆，這項作業就稱為「中耕」。

透過中耕，可讓土與土之間產生孔隙，以利運送新鮮的空氣，雨水也變得容易浸透，讓根良好伸展。此外，翻耕時還可順便連根清除雜草，是項兼具除草作用的作業。

田地1個月1～2次，一併進行追肥與培土；多年栽種宿根性草本及灌木的花圃，約1年進行2次。此時，把緩效性化學肥混入土中，效果會更顯著。

菜園的中耕

1 受到雨水及人行踩踏的影響，導致土表變硬、透氣性變差，肥料不容易溶入。因此先用鋤頭在畦間耕犁出3～5公分的深度，把土壤表面弄鬆軟。

2 一併進行追肥及培土。若蔬菜已經長得比較大的時候，請務必小心避免傷到根部。

花圃及灌木的中耕

長時間培育的宿根草花及灌木，表土會變硬凝結，導致雨水很難滲入。請約3個月1次，用手鏟在植株周圍翻耕出約3公分的深度，順便除草。

花圃及灌木的中耕

1 盆器表面的介質會因澆水而變硬，導致排水變差，因此 3、4 個月 1 次，用竹籤或叉子等工具翻耕 1～2 公分的深度，把土弄鬆軟。長花槽及大型盆器可以中耕方式翻耕 2～3 公分的深度，順便除草。

2 將緩效性化學肥混入土中更具效果。

memo

中耕是追肥與培土配套進行。請避免傷到根部，在土表進行淺耕。

園藝知識補給站

花生的中耕

花生開花後，子房柄會深入土壤中，把果實培育養大。花綻放後把土弄鬆軟，可讓子房柄更容易深入土中，果實也會長得更大。

1 為了讓花凋謝後的子房柄可深入土中，必須要進行中耕作業。

2 子房柄深入土中 4、5 天後，豆莢開始變大。

關聯項目 施肥 →P79／培土 →P100

摘心以促進分枝

摘除莖或枝條最前端的芽的作業稱為「摘心」。此項作業可抑制植物生長，促進腋芽萌生，是為了長時間欣賞繁花盛開的必要管理。

所謂的頂芽優勢，指的是當莖枝前端的芽生長旺盛時，會抑制腋芽生長，無法長出分枝。就這樣任其繼續發育，會徒長導致開花狀況變差。此時進行摘心作業，把前端的芽去除，可破壞頂芽優勢，促使下方葉片從基部長出腋芽。腋芽一旦增加，花朵數量相對也會增加，日後方可呈現繁花盛開的熱鬧景象。

例如對小型菊花、彩葉草、吊鐘花等反覆進行摘心，即可打造成單一主幹的標準樹型。

讓花大量綻放

本葉長出 6 ～ 8 片時摘除最前端的芽，促使長出許多腋芽，讓各自的分枝結花苞，進而繁花盛開。

小型菊花的摘心

1 扦插培育的苗，在長出 7、8 片葉片，植株高度約 10 公分時，將最前端的芽修剪掉 0.5 ～ 1 公分的長度。

2 腋芽長到 6 ～ 7 公分時，修剪掉各個腋芽的前端。太慢摘心會讓花無法綻放，10 月下旬開花的品種，最遲在 8 月上旬前完成摘心。

萬壽菊的摘心

趁小苗時摘除最前端的芽，促進腋芽萌生，增加枝條數量。加上可抑制植株高度，所以還可防止倒伏。

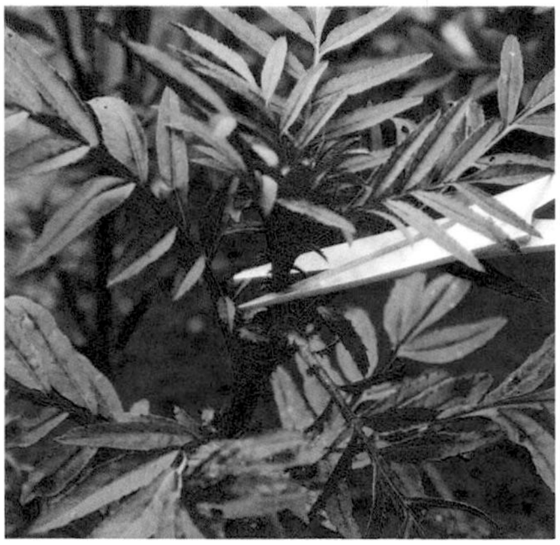

■ 羅勒的摘心

植株長到約 15 公分高的時候，修剪頂芽促使腋芽生長。若再進一步替生長的腋芽前端也進行摘心，可讓葉片數量變多，收穫量也隨之增加。

採收大量葉片

羅勒及鼠尾草等香草、秋季播種的茼蒿，透過摘心可讓枝條數量變多，增加收穫量。

園藝知識補給站

替彩葉草打造單一主幹標準樹型

彩葉草生長快速，反覆摘心可促進分枝，短時間即可打造單一主幹的標準樹型。整棵植株給予良好日照也很重要。

1 購入營養系品種的苗，只保留一根粗莖，其餘的修剪掉。

2 移植到 5 寸盆中，定植後給予大量的水分。

3 植株長超過 20 公分後，修剪掉下方的芽。

4 移植到 10 寸盆中，豎立支柱。

5 下方長出的芽從基部修剪掉。

6 當植株高度超過 60 公分的時候，修剪掉最上方的芽。

關聯項目 造型修剪 →P164／整枝、修剪 →P156

除芽及摘芽

「除芽」，指的是摘除不要的芽，也稱為「摘芽」，通常是用來摘除腋芽。與摘心作業恰好相反，主要目的是為了綻放大型花朵、採收品質好的蔬果。小型菊花是藉由反覆摘心來綻放許多花朵，而大型菊花為了塑造一根莖枝只開一朵花的花型，所以反而是只保留頂芽，其他長出的腋芽全部摘除。番茄或馬鈴薯透過摘芽作業，可培育得更加豐碩飽滿。

另外還有所謂的「摘新芽」作業。舉例來說，蟹爪蘭摘掉莖前端的新芽，可讓花朵同時綻放。松類植物為了維持樹形，也會摘除稱為「綠芽」的新芽。從嫁接的果樹及花樹的砧木長出的新芽，也須趁早摘除。

維持樹形

維持樹形的重點，在於從幼木時期就開始持續進行摘芽作業，防止樹形變紊亂。

松樹的摘綠芽

目的在於抑制枝條過度伸長、調整樹形。趁棒狀新芽還很軟的時後用指頭摘除，假如已經變硬則用園藝剪刀一根一根修剪。

1 前年的葉片摘掉約 3 分之 2。

2 葉片不綠的部分不會發芽，因此從有綠色的地方進行修剪。

3 根據松樹品種的不同，摘綠芽的深度也須調整。例如樹勢強的黑松，所有的綠芽都從基部修剪掉，重新讓較弱的 2 號芽恢復生長。此項作業整棵植株都須進行。

綻放碩大花朵

大菊花、牡丹、番紅花等花朵，要減少花的數量，使其綻放大型花朵時，可進行摘芽作業。

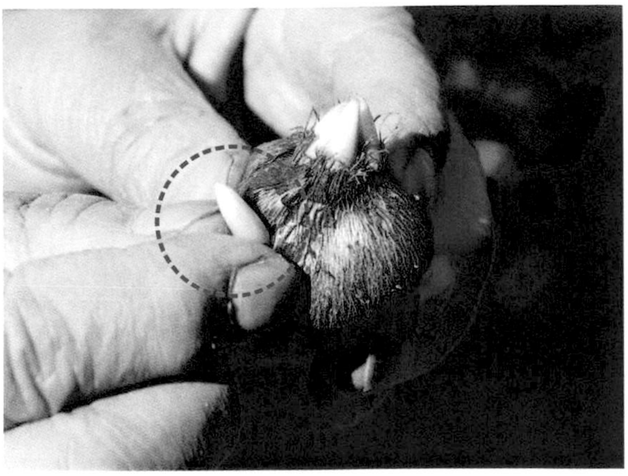

球根的摘新芽
番紅花會從球根側邊長出多餘的芽，須先摘除後再定植。

牡丹的摘芽
花開過後，葉腋長出的腋芽若置之不理，會讓樹形變紊亂，此時保留接近植株基部的3、4根芽，其餘的芽全部用刀子切除。

收穫飽滿果實

番茄及馬鈴薯等蔬菜，為了培育出大顆果實，讓塊莖大小整齊，不要的芽趁幼小時予以摘除。

番茄的摘芽
為了採收大顆果實，腋芽全部摘除。

馬鈴薯的摘芽
為了採收大顆的馬鈴薯，僅保留1、2根健壯的芽，其餘弱芽全數拔除。

memo

大菊花長超過1公尺後，摘除長出的腋芽，使其只在頂部綻放一朵大花。

讓花朵一齊綻放

蟹爪蘭若讓前端的莖節結實生長，莖的前端就會開花，因此秋季的摘芽很重要。

蟹爪蘭的摘新芽
幼小的莖節不會長花芽，因此秋天過後長出的新芽，請趁早用指腹小心地摘除。

關聯項目 整枝、修剪 →P156

栽種蔬菜不可欠缺的培土

「培土」指的是用鋤頭等工具，把土堆積到植株基部的作業，主要是在菜園進行。風雨及澆水會讓植株基部的土變少，根部一旦露出，就會因曝曬或受寒而衰弱，因此培土是日常管理中不可欠缺的作業。

疏苗後把周圍的土往植株基部堆積，能夠讓植株保持穩定不會搖晃，根部也可良好伸展，若搭配進行中耕及追肥，還可防止肥料外流。除此之外，還具有抑制雜草生長、堆積的土讓畦地變高進而改善排水等效果。

馬鈴薯或芋頭等薯類，為了增加採收量，以及防止塊莖露出地面而綠化，需要進行培土。紅蘿蔔也可透過培土來防止根的基部綠化。對於青蔥、蘆筍、菊苣的軟化栽培而言，也是不可欠缺的作業。

繁殖子芋

芋頭反覆進行追肥及培土，堆高畦地讓塊莖變肥大。

芋頭的培土
一次堆太多土會讓子芋的數量變少，所以請分 2、3 次培土。施用追肥，與土混合後堆積到植株基部。

防止塊莖綠化

若不培土，塊莖會透出地面、照射到陽光而綠化，變得無法食用，因此請務必執行。

馬鈴薯的培土
培土的量，摘芽後少量、看得見花苞時略多，把土往植株基部堆積。此時，也可施用化學肥作為追肥。

防止倒伏 使其健康生長

疏苗後的苗受到風吹雨淋容易傾倒，因此請確實地往植株基部培土，讓植株更穩定。

葉菜類的培土

狹小場地的培土，使用手鏟及小耙子會比較方便。追肥後的肥料與土混合後，堆積在植株基部。疏苗時把土往植株基部堆積，可防止傾倒。

櫻草的增土作業

花開過後，為了讓隔年的芽長大的增補土，在栽培櫻草時不可欠缺。花開完後就會從地面長出新的根莖，所以需要補充培養土來保護根莖，讓隔年的芽變肥大。

增土的方法

與培土目的相同，為了保護根部及新芽而在植株周圍增補新土的作業，稱為「增土」。盆栽不用說，地植的福壽草等花草也是，為了避免根部受損，建議每年追加1～2公分的土。還有，盆栽的植株基部容易因風雨及澆水等因素而外露，發現時也請增補介質。

memo

培土可促進生長，與追肥同時進行還可提升肥效。

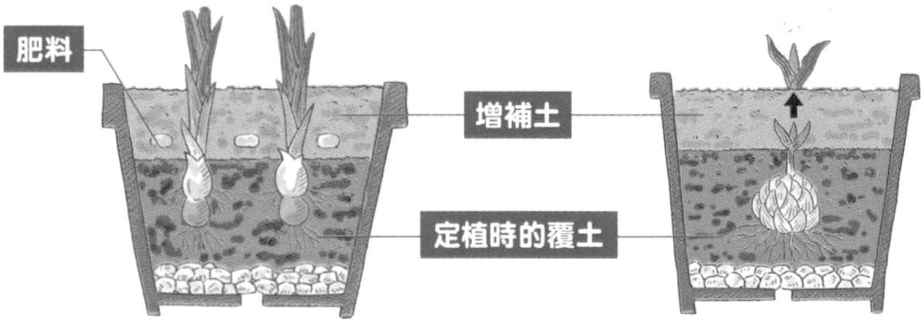

小蒼蘭的增土作業

小蒼蘭、狒狒草等花草，因為會在球根上再長出新的球根，因此等葉片長出3、4片葉片時，請施用追肥，並且增補新土把盆器填滿。

百合的增土作業

為了長出許多稱為「上根」的根，建議種在較深的盆器中。球根定植後，把土覆蓋至約盆器深度的3分之2，等芽長出後再增補新土。

關聯項目 施肥 →P81／中耕 →P94

設立保護植物的支柱

「支柱」是用來支撐剛剛定植好、容易搖晃折損的植物，可保護枝條、根部及植株基部受到傷害。另外，設立支柱還可讓通風變好，減少疾病及害蟲的發生。

支柱有竹製、塑膠製、木製、金屬製等各種材質，請根據植物種類及使用目的來挑選。蔓性植物為了增添花朵的觀賞價值，也可使用支柱。出於裝飾目的而使用的支柱，建議別挑選過於醒目的色調，避免搶走植株的風采。

誘引時若綁得太緊，日後當莖變粗時，會因為勒緊的麻繩或塑膠繩而受傷，因此打結時必須保留適當的寬鬆度。

各種支柱材料

市面上有販售各式各樣支撐植物的支柱。請根據使用目的及利用方式來挑選。綑綁用的繩子，使用拉菲草或麻等天然材質，可營造自然的氛圍。

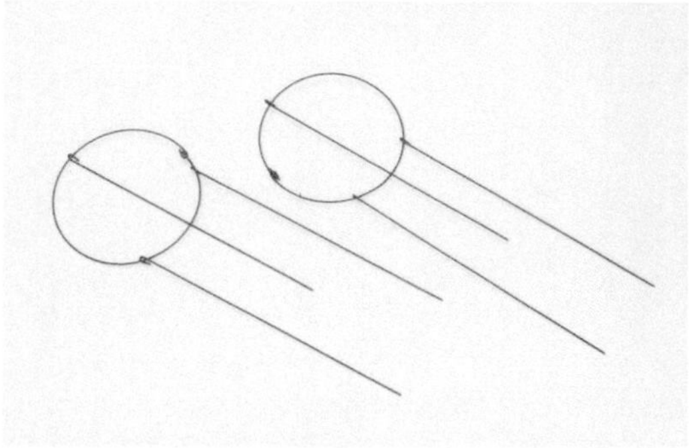

防止葉片癱軟的環型支柱

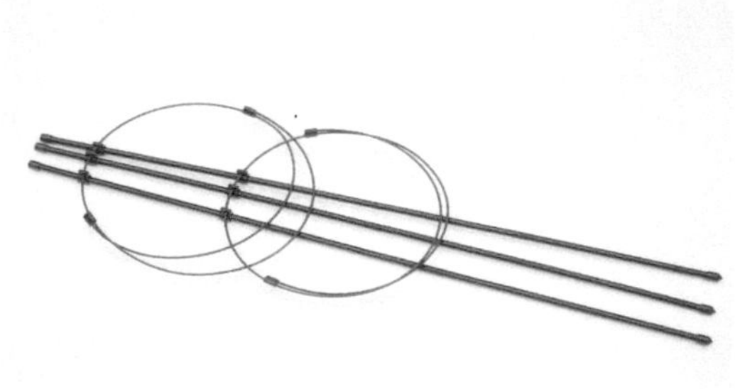

盆器用藤蔓支柱
（圓形紙罩座燈型）

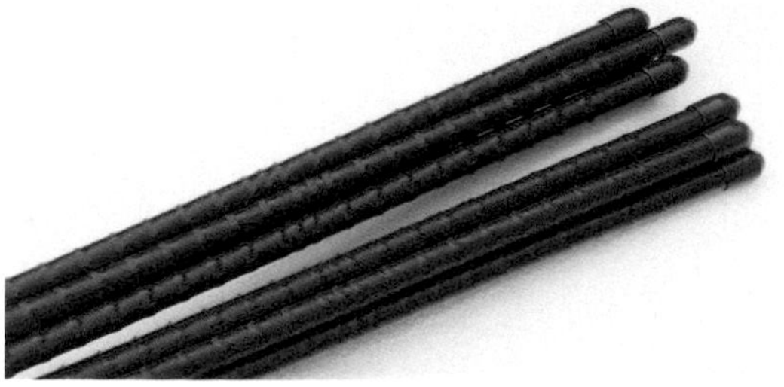

棒狀支柱
（適合蔓性植物中以採收果實為主的蔬菜）

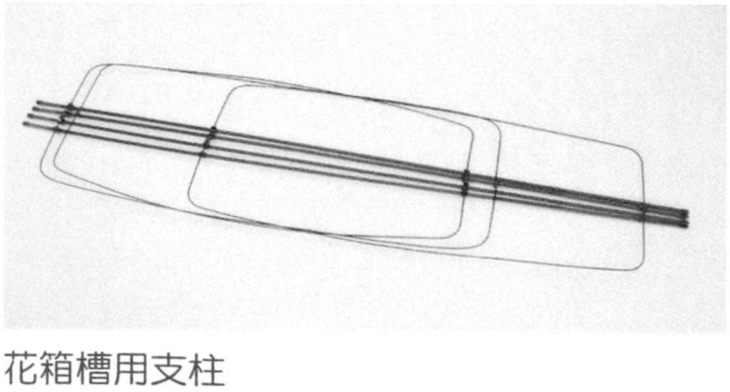

花箱槽用支柱
（方形紙罩座燈型）

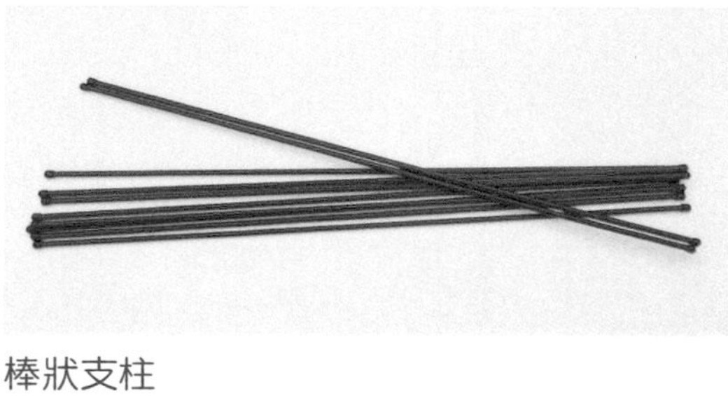

棒狀支柱
（適合植株低矮的花草及蔬菜）

花的支柱

不只是用來支撐伸長的植物，也具有讓花更美的觀賞目的。

洋蘭的支柱（棒狀支柱）
花莖容易傾倒，所以適合使用可適度彎曲的棒狀支柱，因為是內有鐵線的 PVC 塑膠製品，也可把前端折成 U 字型後掛上花莖。

觀葉植物的支柱

木材捲覆棕櫚皮的支柱或蛇木材質，適合氣根攀附延伸的觀葉植物。

蔓性植物的支柱

藤蔓誘引在支柱上就不會纏繞雜亂，還可替植物帶來良好的影響，例如：通風及日照變好、開花狀況變好。

交叉型
兩根金屬絲交叉的支柱。適用於卡羅萊納茉莉、多花素馨、圓蝶藤等花草盆栽。

方形紙罩座燈型
很久以前就一直運用在牽牛花等花草上，把金屬絲繞 3、4 圈後再行誘引。

蔬菜的支柱

小黃瓜、苦瓜、豌豆、四季豆等蔓性伸長的蔬菜，以及番茄、茄子、青椒等結果實會變重傾倒的蔬菜，可設立支柱讓植株更穩定。

合掌式支柱（棒狀支柱）
用於小黃瓜、番茄、蔓性四季豆等蔬菜。支柱與支柱之間垂掛繩子、張網，藉此支撐藤蔓及枝條。

交叉式支柱（棒狀支柱）
用於茄子、青椒等蔬菜。中間先豎立約 1 公尺高的支柱，再從左右兩側交叉設立支撐用支柱。

關聯項目 定植 →P55、P63

庭木、花木、果樹的支柱豎立

庭木及果樹定植後若根部搖晃不穩，會導致扎根遲緩。支柱需要深深插入土中，倘若根系已經長很多時，很可能會傷到順利生長的根部，因此請趁定植的時候，根系尚未生長過多時設立支柱。

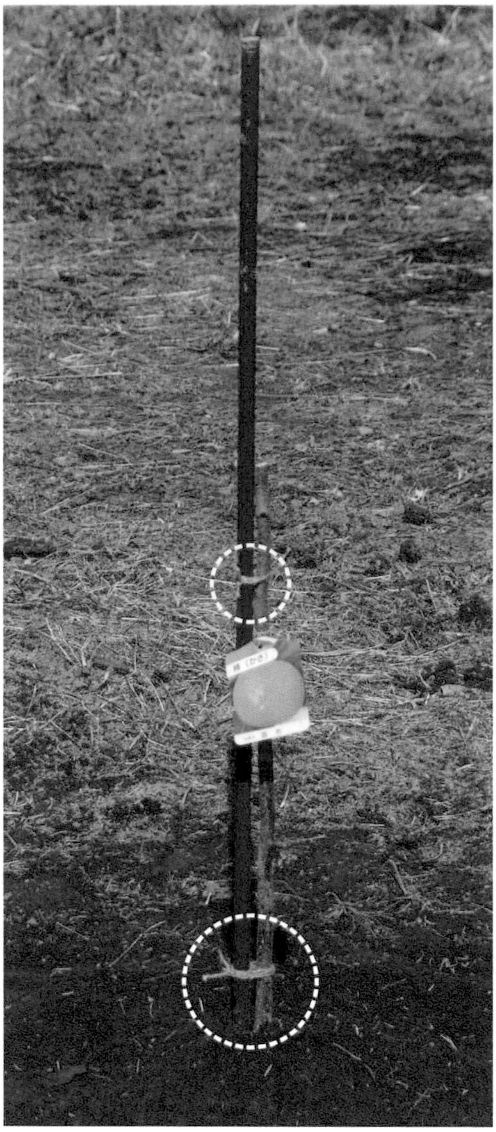

柿子的支柱

移植或定植樹苗時，設立避免根部晃動的簡易支柱。支柱插入土中約 30 公分以上的深度，然後在多處用繩索綑綁，尤其是根的基部務必綁好。

樹莓的支柱

樹莓的枝條會稍微橫開生長，不論是露地栽種或盆植栽種，建議把主枝確實地誘引在支柱上。

3 根支柱

梅花、櫻花、楓樹、紫薇等喬木，使用不同方向的 3 根支柱加以支撐。建議讓 3 根支柱的傾斜角度相同。

1 根支柱

傾斜設立一根支柱加以支撐，避免植株隨風晃動。在 2 個以上的地方綑綁，並用椿子固定支柱以防傾倒。

用修剪下來的枝條製作支柱

利用胡枝子、梅樹、藍莓修剪下來的枝條，可用來製作獨具風味的支柱。想要替蔓性植物或植株高容易倒的宿根草整頓姿態時，會是非常好用的支柱。
手作的支柱可營造個性化庭園，非常推薦。也可活用在菜園及盆器上。

半圓屋頂型的支柱

把剛剛修剪下來的藍莓及梅花的小枝條，彎曲搭建成半圓屋頂狀。設立在尚未發芽或剛發芽的宿根草上面，壓制植株基部，不讓葉片及花莖傾倒，避免姿態亂掉。

園藝知識補給站

用胡枝子修剪下來的枝條製作圓錐狀支柱

只要準備5、6根長度1～2公尺的廢枝，以及五葉木通或藤蔓，就可以親手製作類似印第安小屋的圓錐狀支柱。

利用大型的盆器，把奇數的胡枝子廢枝架成圓錐狀，最上面用繩子暫時綑綁固定。

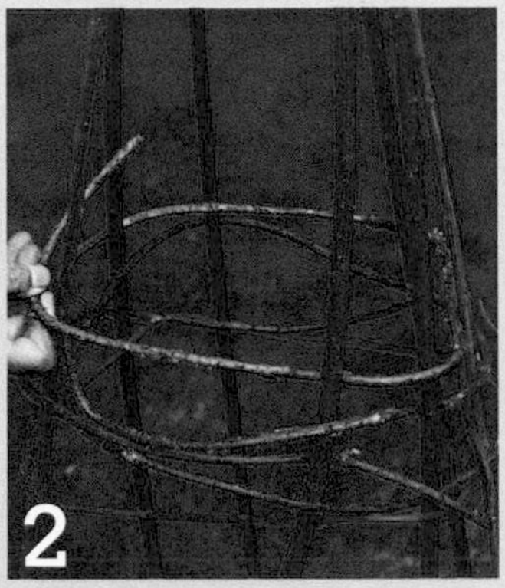

用葛的藤蔓在圓錐狀支柱偏下位置纏繞3、4圈。支柱中段及上段，同樣也用葛的藤蔓纏繞固定。

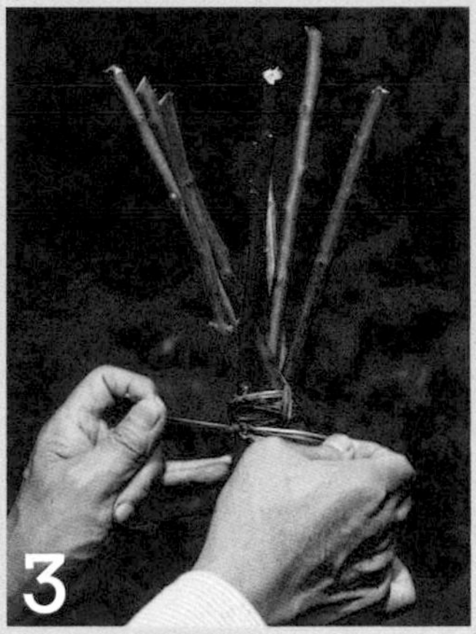

取下最上面的暫時固定繩，改用藤蔓或麻繩綁緊。

把完成的圓錐狀支柱設置在花圃中，再於支柱旁種植牽牛花等蔓性植物。

關聯項目　定植→P55、P63

截剪與疏剪

枝條不是一根一根修剪，而是用修枝剪等工具把樹冠整體修剪整齊的作業，稱為「截剪」。

雖然是以打造樹形為目的，但並非所有樹種都適合。截剪適合用在齒葉冬青、紅豆杉、皋月杜鵑這類枝葉細小、萌芽力強的樹種，淺淺地修整，讓小枝條密集叢生是重點所在。也可用於綠籬或綠雕的形狀塑造。

一般以播種方式培育的蔬菜及花草，為了保留好苗所進行的作業稱為「疏苗」；果樹及花木，為了讓開花結果狀況良好或更新植株，而修剪掉多餘的枝條，則稱為「疏剪」或「疏除」。

為了更新植株的疏剪

雪柳、麻葉繡球、日本繡線菊這類從地面長出枝條的植株，放任不管會導致樹形紊亂，同時佔據多餘的栽種空間。因此花開過後，須將老舊枝條從植株基部進行疏剪，讓植株更新。

處理老舊枝條的雪柳疏剪

1 長成大株的雪柳，花開過後把老舊枝條從植株基部修剪掉。

2 疏剪完成。修剪掉老舊枝條，保留年輕健壯的枝條，可讓開花狀況變好。

齒葉冬青的截剪

樹形修剪成圓球型

要把齒葉冬青、紅豆杉等植物的樹形修剪成圓球型，淺淺地修整讓小枝密集叢生是重點所在。

1 用籬笆剪先把頂部強截整齊，肩側修剪成曲線，接著再採俯視角，沿著植株線條仔細地修整枝葉。

2
沒有葉片的枝條，請把籬笆剪深入植株中，在枝條分歧處予以回剪。

3
6月及9月，至少2次用截剪把形狀修剪成理想大小，使其盡量維持在淺修即可的狀態。

memo

圓球型樹形，從幼木期就進行強剪，較容易維持良好形狀。

關聯項目 整姿、修剪→P152～170

2 替枯萎的枝條及植株內側擁擠的枝條進行疏剪，讓光線及風能夠直達內部，避免植株悶熱。

打造小巧樹型的截剪

薰衣草花開後若不修剪枝條，樹形會變紊亂，請務必予以截剪。另外，為了讓通風變好，也須替擁擠的枝條進行疏剪。

薰衣草的截剪

1 花採收後，連同未開花的枝條，把整棵植株截剪至 3 分之 2 的高度。

綠手指的小祕訣！

有辦法讓花木的開花狀況更好嗎？

植物，如果只有根、莖、葉生長的「營養生長」，沒有結花苞果實的「生殖生長」，就不會開花。也就是說，根部生長旺盛時，枝條伸展力會變強，進而抑制生殖生長，導致花況變差。藉由抑制營養生長，可提升開花狀況。

修剪根部的方法

芽開始冒出時，在遠離枝幹直徑 5 ～ 7 倍的位置挖起介質，把根修剪掉 1/3 ～ 1/2。

拉引枝條的方法

向上伸展的枝條，只有前端的芽會健康生長，因此用繩子往下拉引，促使長出許多可發花芽的短枝。把蔓性玫瑰的新梢往下拉或橫向誘引，也是因為這個緣故。

破壞枝條的方法

梅花枝條太長會無法長花芽，在 6 月時於過長枝條的中段，用鉗子等工具輕輕夾斷折下。

part 5

繁殖的技巧

種子的採集方式

購買市售的開花盆苗可輕鬆種在花圃中，或作為混合盆栽。只不過市售苗的種類雖多，但不一定會有你想培育的品種。珍貴的品種只能自己播種培育。

雖然耗時費力，但是從種子開始培育可栽培出許多的苗，比購買盆苗划算許多。還有，通常從種子培育的苗，其生長較為旺盛且健壯。

除此之外，還可感受種苗長出可愛小芽，一點一點慢慢成長所帶來的感動。建議你不辭辛勞，試著從種子開始培育。

春天的播種是在山櫻花綻放時（大約農曆年後），秋天則是秋分前後兩週左右播種。

不會失敗的種子採集技巧

果實成熟時會被小鳥吃掉，或是迸裂彈飛，因此請多下點工夫套上袋子。

採集青蔥的種子
為了採集相當成熟的種子，用網子包覆青蔥的花序。

採集鳳仙花的種子
馬上就會迸裂，因此果實開始轉褐色時就預先用袋子包住。

種子的壽命

種子也有壽命。通常是2～3年，鳳仙花及牽牛花約5年，勿忘草及夏堇約1年，不同的植物種類，種子的發芽率及活力也不盡相同。當然，前提是有好好保存。

期限	種類
1年左右	◆荷包花 ◆夏堇 ◆香雪球 ◆福祿考 ◆勿忘草 ◆球根秋海棠
2年左右	◆孔雀草 ◆大波斯菊 ◆百日菊 ◆藿香薊 ◆柳穿魚 ◆雁來紅 ◆六倍利 ◆翠菊 ◆康乃馨 ◆報春花 ◆三色堇 ◆矮牽牛 ◆美女櫻 ◆松葉牡丹
3年左右	◆雛菊 ◆矢車菊 ◆金魚草 ◆花菱草 ◆長春花 ◆紫羅蘭 ◆仙客來 ◆松蟲草
4年左右	◆向日葵 ◆金盞花
5年左右	◆鳳仙花 ◆牽牛花

種子的採集與保存

幾乎所有植物都有種子。種子採集後播撒，並不一定只能取得與親本相同的植物，可享受花開時的驚喜。例如，採集大花四照花的種子，播撒後可誕生出各種花色、花形的個體。採集下來的種子，請乾燥後放在溫度低的場所保管。

向日葵的採種與保存

1 種子成熟、葉片枯萎且花朵朝下時，剪下整個莖部。

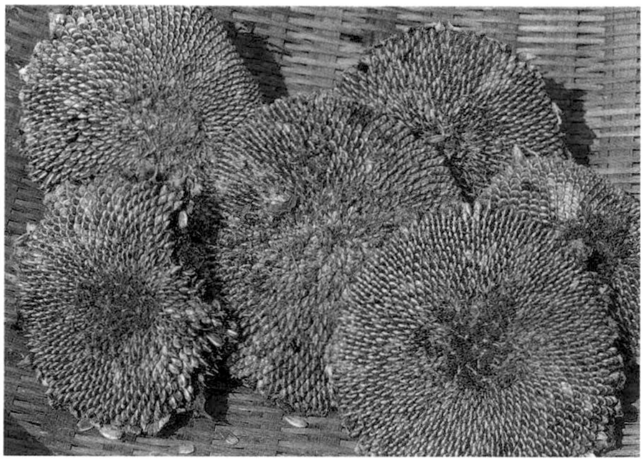

2 在通風良好處，並排在竹簍上或吊掛起來，使其充分乾燥。

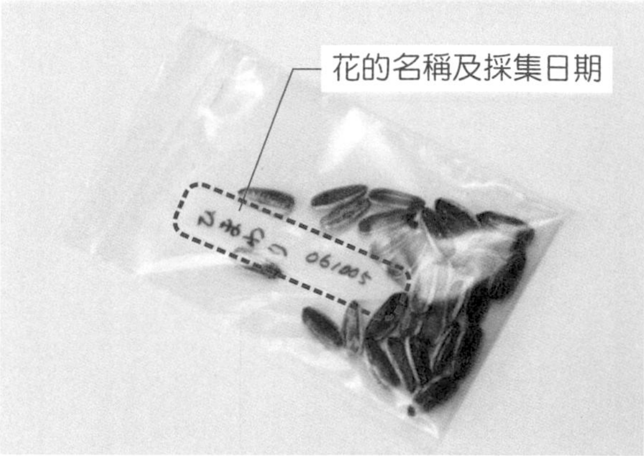

3 採集充分乾燥後的種子，裝入密封袋內，置於涼爽的場所保管。袋子上請寫上花的名稱及採集日期。

綠手指的小祕訣！

剩餘的種子撐不到明年？

種子的壽命約 1 年左右的荷包花、夏堇、勿忘草等花草，若不馬上播種，好好保存的話，多數花草的種子到了隔年仍可播種。只不過，發芽能力仍會衰退，所以還是盡量別剩餘太多種子。

播種後剩下的種子，再次裝回原包裝袋內，與乾燥劑一起放入茶葉罐密封，放在冰箱的蔬果室保管。包裝袋上請標示購入年月日，以及播種的年月日。

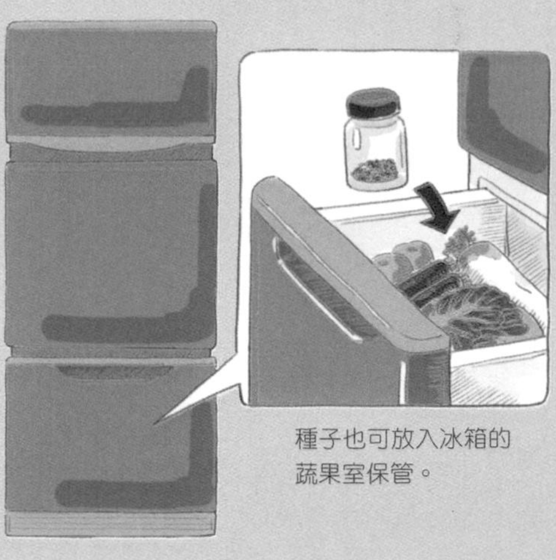

種子也可放入冰箱的蔬果室保管。

關聯項目 種苗的定植 →P46

種子的種類與播種期

種子因植物種類的不同而有各種大小、形狀及顏色，有的外皮較硬或被絨毛包覆而無法順利吸水，也有發芽時間不一致的種子，此時就須進行促進發芽的處理。

但是，最近市售的牽牛花、千日紅、菠菜等包裝種子，也有許多已預先做好發芽處理的品種。另外，還有喜歡陽光（好光性種子）、討厭陽光（嫌光性種子）的種類，播種方式及覆土方法也有所差異。

不耐寒的花草在春天播種，不耐熱的花草在秋天播種。春天選在氣候回暖的3月，秋天則選在氣溫下降的10月播種，較不容易失敗。

包衣種子

洋桔梗的種子用黏土包覆變大，處理成容易播種的小圓球狀。

各式種子

種子有罌粟這類非常小的顆粒，也有向日葵這類大型種子，根據植物種類的不同，有各式各樣的大小、形狀、顏色。另外，也有將超小顆的種子包裝成小圓球的「包衣種子」。

代表性的好光性種子及嫌光性種子

	種類
好光性種子 發芽時需要陽光的種子。 覆蓋 3mm 以下的薄土	◆藿香薊 ◆非洲鳳仙花 ◆金魚草 ◆彩葉草 ◆西洋耬斗菜 ◆雛菊 ◆報春花 ◆四季秋海棠 ◆矮牽牛 ◆小白菊 ◆洋桔梗 ◆毛地黃 ◆桃葉風鈴草 ◆荷包花 ◆石竹 ◆六倍利 ◆花煙草
嫌光性種子 照射陽光就不會發芽的種子。 覆蓋 5mm 左右的厚土	◆含羞草 ◆大飛燕草 ◆金蓮花 ◆黑種草 ◆長春花 ◆雁來紅 ◆花菱草 ◆松葉牡丹 ◆飛燕草 ◆羽扇豆 ◆勿忘草 ◆雞冠花 ◆粉蝶花

幫助種子發芽的處理方法

外殼硬或是被絨毛包覆的種子，播撒前先泡水使其變軟，或是去除絨毛，使其順利發芽。

泡水
牽牛花、香豌豆、羽扇豆等硬殼種子，先泡水一個晚上。

刻破外皮
牽牛花的種皮先刻出傷痕再播撒。

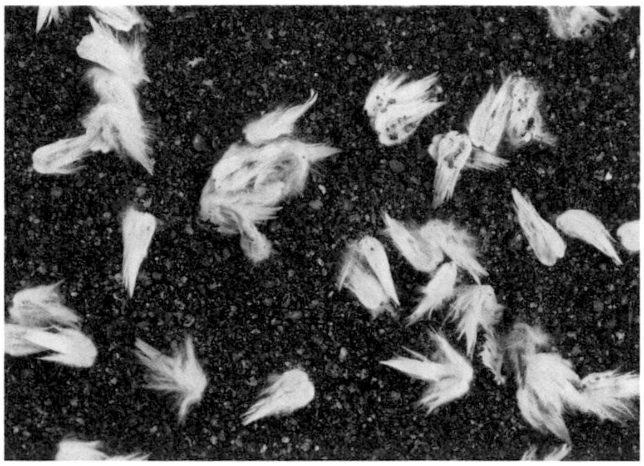

去除絨毛
棉花、千日紅、鐵線蓮、麟托菊等花草的種子，先混入砂礫，用手一邊搓揉一邊去除絨毛。

播種前先消毒
自行採集的種子及長期保存的種子，建議先用殺菌劑消毒。

園藝知識補給站

從種子外包裝取得資訊

種子包裝袋的背面，會簡單標示種子的播種方法、發芽後的管理、植物的特性等資訊，播種前請先仔細閱讀。播種結束後別把包裝袋丟棄，建議整理裝進資料夾方便日後參考。

memo

春天的播種是重瓣櫻花開始綻放時（大約3月），秋天則是整個10月皆可播種。

關聯項目　季節的管理→PP182、191、192／園藝栽培曆→P207～209

不失敗的播種法

種子的播種方法，分為「點播」、「撒播」、「條播」。直接播種在花圃、菜園、長花槽等培育場所的稱為「直播」，也有先播種在盆器、育苗箱、育苗軟盆等容器中，等芽長出後趁小苗時移植的方法。移植栽培雖然比較麻煩，但是移動容器可保護幼苗避開風雨，讓苗順利成長。

大顆的種子逐一放進具一定深度的洞穴中；小顆的種子先放在厚紙上，然後輕輕拍打紙張背面或手腕，透過震動慢慢抖落平均施撒；細微的種子先與少量的沙子混合，再均勻播撒成薄薄一層。播種後須留意避免介質乾燥，並且置於不會淋雨的地方管理。

種子的播種方法及介質

首先請記住點播、撒播、條播這 3 種基本播種方法。介質請使用未添加肥料的全新乾淨介質。

播種用介質

上左是市售的培養土，上右是單獨使用的小顆赤玉土；下左是等量混合的赤玉土與腐葉土，下右是等量混合的赤玉土與蛭石。

條播

等距離挖出溝穴，在溝穴中平均地放入種子。

memo

播種後，插入寫有花草名稱及日期的標籤，並使其從底部吸水。

撒播

把種子均勻撒在介質上的方法。

點播

一個地方一顆或多顆地等距離置放種子。

直播

挖出凹穴，以點播方式將種子不重疊地放入凹穴中。

大型種子及討厭移植之植物的播種方法

白蘿蔔、紅蘿蔔、香豌豆、花菱草等植物，屬於粗根會往土中直直伸展，細根不太生長的直根性。移植時若切到根系，會長成分岔的奇怪形狀或受傷，因此要用直播的方式播種，或是種在定植時不會傷到根團的育苗軟盆或圓盤型壓縮泥炭土中。牽牛花、向日葵、紫茉莉、百日草等大型種子，也可直播或種在育苗軟盆中。

播種在壓縮泥炭土中

1 用衛生筷等工具，在泡水膨脹的壓縮泥炭土上挖出播種用的洞。

2 把種子放入洞中，用衛生筷往洞內覆蓋介質。

播種在育苗軟盆中

1 挖出深及指頭第一關節的洞，以均等的深度播種。

2 種子放入洞後，用介質填覆洞穴。

關聯項目 施肥→P86／移植→P119

中～小型種子、細小種子的播種方法

中～小型種子以撒播或條播方式播種在淺盆或育苗箱中，通常會覆蓋種子直徑2倍左右的介質。覆土不足的話，發芽時種皮可能不會脫落，因而長不出子葉。發芽後，再根據生長狀況移植到盆器中。

細小的種子，以及六倍利、夏堇、非洲鳳仙花這類不接觸陽光不會發芽的好光性種子，播種在泥炭土板上使其發芽，可有助於生長。

播種在育苗軟盆中

種子放在紙張上，用牙籤在育苗托盤的每個格子中逐次放入1、2顆種子。

播種在壓縮泥炭土板中

在充分吸水的泥炭土板上，平均播撒種子。

播種在淺盆中

用大拇指、食指、中指這3根指頭捏取種子，指腹朝上搓落種子，不重疊地播撒。

中～小型種子的植物

◆三色堇 ◆一串紅 ◆石竹
◆千日紅 ◆番茄 ◆金盞花

石竹

細小種子的植物

◆矮牽牛 ◆秋海棠 ◆藿香薊
◆松葉牡丹 ◆彩葉草

松葉牡丹

覆土

播種後用篩網覆土。覆土的厚度一致的話，可整齊地發芽。

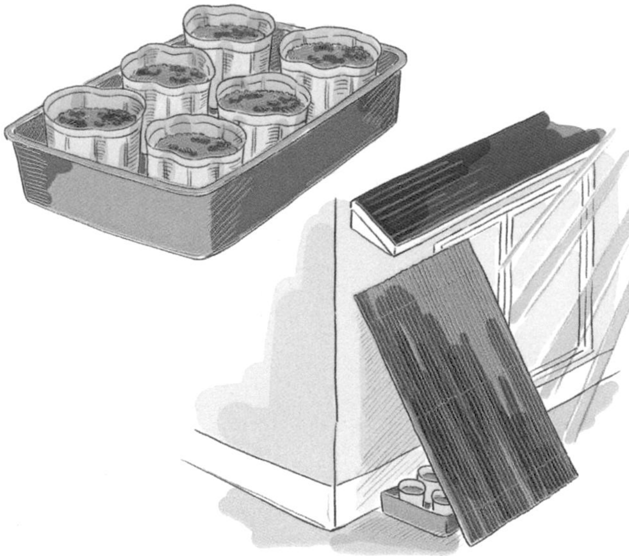

發芽前的管理

發芽前置於屋簷下等不會淋到雨的明亮陰涼處，發芽後置於日照良好的場所。
重要的是，發芽前須避免介質變乾。澆水時，蓮蓬頭灑水壺若是直接淋在上面，有可能會把辛苦處理好的種子及覆土沖掉，或是整體介質無法充分濕潤。因此，在根系確實扎根前，請使其從底部吸水。還有，長出子葉前不施用肥料。

置放場所
塑膠盆放入育苗托盤中，置於屋簷下或竹簾的陰影處。

防止乾燥的技巧
盆器的水盤裝滿水，利用腰水的方式吸水，讓整體介質充分濕潤。

泥炭土板的管理
一旦變乾水分就不易滲入，管理時請避免乾燥。水從折角處注入。

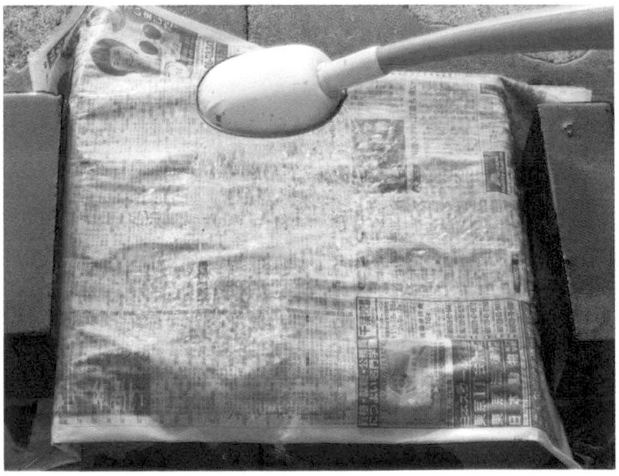

播種後的防止乾燥對策
覆蓋弄濕的報紙或保鮮膜，可讓介質的表面不容易變乾。待發芽後立刻移除。只不過，好光性植物不需要這麼做。

關聯項目 澆水 →P72

育苗中的管理與移植

發芽後請移至日照良好的場所培育。長出子葉後也持續從底部吸水，若經常讓介質呈潮濕狀態會引起根部腐爛。子葉下方的莖癱軟彎曲，變成所謂的「徒長苗」，是因為給水過多所致。發芽後請小心避免過於潮濕，待介質表面變乾後用蓮蓬頭灑水壺澆水，一旦長出本葉，請2週1次施用稀釋的液肥替代給水。

芽苗長出一對本葉後，可能會因為生病而枯萎，或是遭受切根蟲或蛞蝓啃食。一旦發現害蟲就立即捕殺，或是散布殺蟲劑防除。

當本葉長出3、4片時，即可進行移植讓根能夠好好伸展。

育苗中的澆水

一旦長出本葉，就停止從底部給水，改用蓮蓬頭灑水壺澆水，介質變乾就給水。還有，約 2 週 1 次，從盆底施予稀釋 1000 倍左右的液肥。

育苗中的置放場所

置於日照良好的場所。育苗箱不直接放在地上，以避免蛞蝓啃食或降雨時的泥土噴濺。

疏苗的方法

密生處進行疏苗給予間隔，賦予良好通風及日照，以培育結實的苗。也可分多次疏苗。

疏苗時的注意事項

子葉開出後，把纏在一起導致發育不佳，以及葉片形狀奇怪的苗進行疏苗，只留下好的苗。疏苗太遲的話，日光照射不到內部，會導致所有的苗徒長，故請盡早進行疏苗。疏苗時請勿傷及鄰近的苗，用鑷子從根部拔除，或用園藝剪刀剪掉。疏苗視生長狀況，分多次進行。

綠手指的小祕訣！

疏苗時 該如何握持鑷子？

疏苗時，也會出現把好苗連同拔起的失敗情況，若用鑷子，可只拔起不要的苗，非常好用。稍微大一點的款式會比較容易使用。

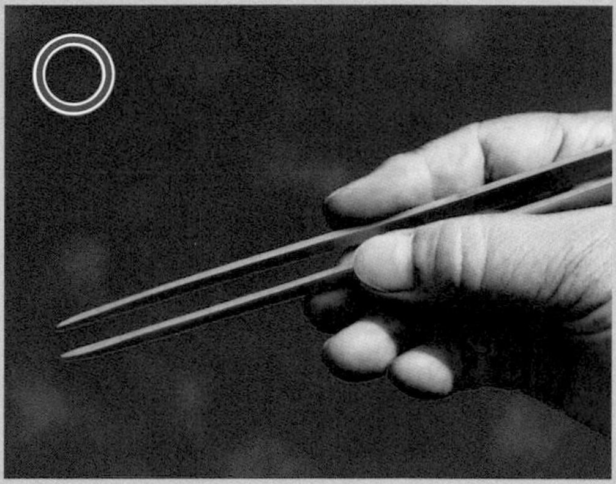

好的拿法
指尖施力均等易於作業。

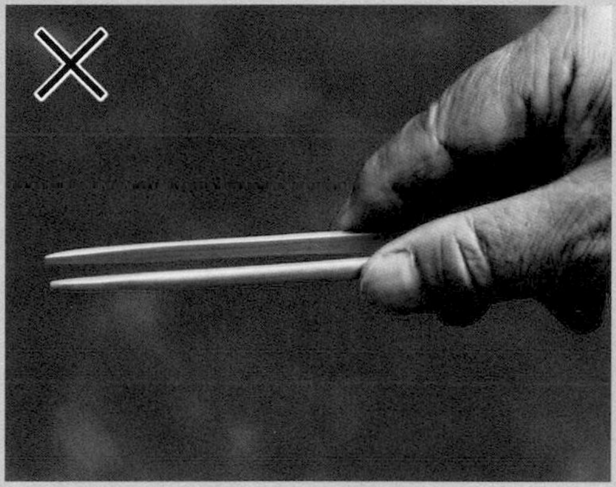

錯誤拿法
不容易施力，容易感到疲累。

移植

所謂的移植，指的是定植在盆器及花圃前的換土換盆作業，等本葉長出3、4片後就可以移植。介質若容易崩解可不必修剪根系，因此讓介質帶點乾燥，然後小心地移植到塑膠盆中。大量給水後，置於不會接觸到直射陽光的地方2、3天，之後再置於日照良好的場所培育。

三色堇苗的移植

1 本葉長出3、4片後，根會開始盤繞生長。用鑷子夾起整個根團，把種苗從育苗盤中拔出來。

2 用指頭押出凹穴，把苗種入其中。一個塑膠盆中種植多株三色堇，可相互競爭、有益生長。

關聯項目 施肥→P79／疏苗→P106／病蟲害對策→P194～205

球根植物的繁殖法

不同球根的繁殖方法有所差異，但主要是透過分球來繁殖。

從親本的球根長出的子球，在花開結束後，會蓄存葉片產生的養分以及從根部吸收的養分而急速肥大。

為了讓球根變肥大，花一開完就馬上施用禮肥很有效果。只不過，種子生長也會用到養分。因此，修剪殘花不使其結種子，也有助於子球生長。

還有，小心照顧製造養分的葉片，也是讓子球肥大的重點之一。葉片會將養分傳送給球根，所以即使覺得礙事也要保留，不可修剪掉。

百合及劍蘭除了分球之外，也可用木子及鱗片繁殖。

小心處理葉片

葉片一旦枯萎，根部也會枯萎而休眠。葉片可以行光合作用，將養分傳送到球根。為了使其每年開花、球根變肥大，葉片也必須小心呵護。花開前讓葉片繁茂，葡萄風信子等球根的葉片，即使略顯礙事也不可修剪掉。

水仙的綑綁

花開過後，葉片健康茂密生長的水仙。把葉片綑綁起來就不會妨礙除草施肥等作業。

開花後的球根肥培

為了讓新長出的球根變肥大，開花後請施用肥料。

花後施用肥料

1 從花朵連同子房一起摘除，使其不會結果實。花莖具有行光合作用的功能，所以要保留下來。

2 為了讓球根變肥大，花後馬上施用肥料很有幫助。

挖起劍蘭

如果等到葉片完全枯萎後才將球根挖出來，木子會掉到土中，因此葉片約枯萎3分之1時就挖起。

建議每年挖起的春植球根

多數的球根植物，花開過後、地上部枯萎時，就把球根挖起。尤其是盆栽，每年挖起移植可讓生長狀況變好，花也會開得更漂亮。

庭園栽種的球根，雖然不需要每年挖起，但若球根糾結會很難開花，因此3、4年須挖起1次。大麗花及美人蕉等熱帶原產的春植球根，若不移植的話，球根恐會腐爛，因此每年秋天降霜前挖起較為保險。

挖起美人蕉

美人蕉或大麗花，避免傷及新芽及球根地用鏟子挖起，把土粗略地抖落。

註 台灣栽培可不必挖出。

園藝知識補給站

不須每年挖起的球根植物

雪滴花、藍條海蔥、花韭等小型球根植物，多年未經移植，反而比較會開花，可欣賞繁花盛開之美。不須每年挖起的球根植物如下：

- ◆ 酢漿草、蔥蘭、觀音蘭等春植球根
- ◆ 黃施特恩花、石蒜等夏植球根
- ◆ 水仙、鈴蘭水仙、雪滴花、花韭等秋植球根

石蒜

觀音蘭

花韭

關聯項目 施肥 →P81／開花後修剪 →P90

分球的方法

球根生長時繁殖出多個子球的現象稱為「分球」。
鬱金香及百合的母球與子球會自然分開，因此挖起時即可分出子球。水仙這類的小子球與母球緊密不分，不可勉強分開。劍蘭及番紅花除了子球之外，還會長出稱為「木子」（參考第 124 頁）的小球根，也須將木子分開。

大麗花的分球

把連在老莖基部的球根切割分離。務必連芽一起切除，待切口乾燥後再定植。

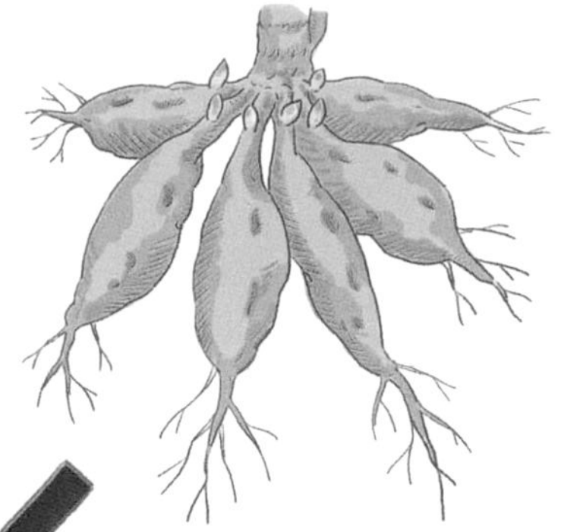

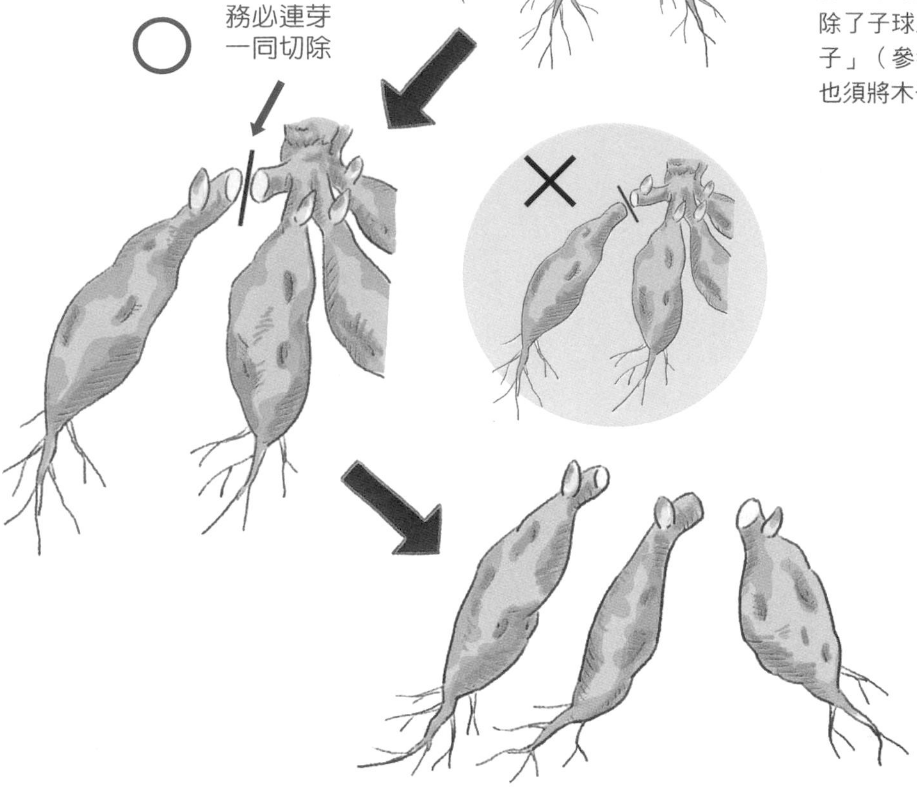

劍蘭的球根處理

1 劍蘭及番紅花，剝除新球根下面乾掉的母球。

2 新的球根分出大、中，木子只留下大的，各自裝入網袋保存。

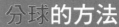

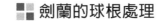

3 母球放入 7 寸盆，為了給予根系寬大空間以防球根腐爛，所以讓球根頭部稍微露出地淺植。

4 給予大量水分，但是要避免淋到球根。

5 分球結束。小球移植到其他盆器中，靜待其變成開花球。

孤挺花的分球

花開過後，在 5 月或 10 月進行分球換盆。移植約一週前停止給水，移植時即可避免傷到根部。

1 從盆器中不易拔出時，可用木槌邊敲邊拔。

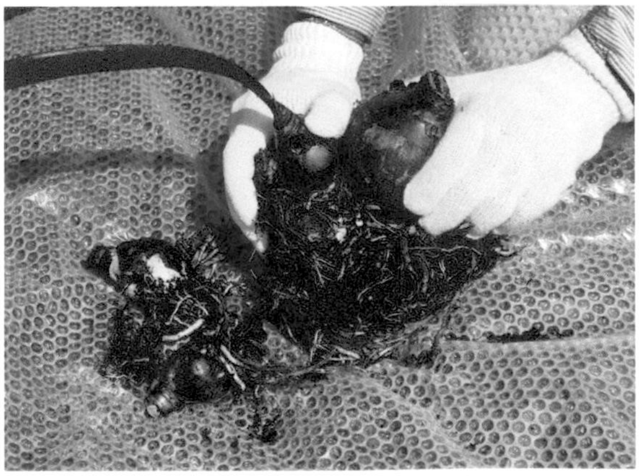

2 小心地把根系弄鬆，用手把球根分開。

關聯項目 球根挑選、定植 →P52 ～ 55

百合的球根

鬱金香及水仙這類的球根沒有外皮包覆，而是如同魚鱗般由多個鱗片重疊。

用木子、珠芽、鱗片繁殖

劍蘭、小蒼蘭、番紅花、葡萄風信子等植物，新球根的基部會長出稱為「木子」的子球。百合屬埋在地下的莖節部分會長出木子，其中鬼百合等品種，在地上部的葉腋還會長出稱為「珠芽」的小球根。這些生殖器官發育的話也會變成大球根。另外，百合把鱗片插入土中也可繁殖。

百合的鱗片扦插繁殖

1 從球根外側剝下 2～3 排鱗片，淺淺地插入蛭石或赤玉土等介質中。

2 基部長出子球並發芽。等待長出多片葉片且高度達 5～10 公分時，再移植到盆器中。

利用鱗片扦插培育的百合（香水百合）。

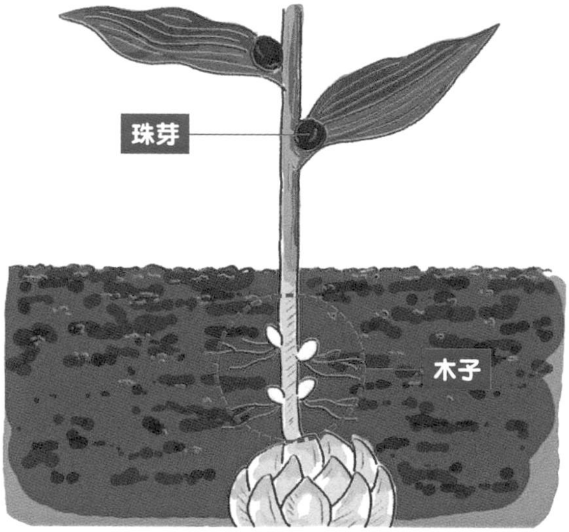

百合的根莖部及繁殖器官

百合屬也可藉由培養珠芽及木子來繁殖。珠芽請在秋季掉落前切取下來利用。

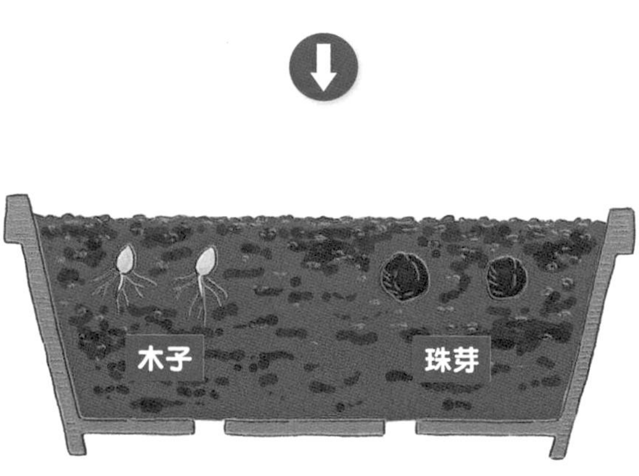

定植珠芽與木子

將珠芽及木子埋進蛭石中，或是種在庭園肥培，大約 3～4 年可開花長出大球根。

球根的貯藏

請檢查挖起的球根是否遭受病蟲害，挑選健全的球根予以貯藏。
鬱金香及劍蘭等以乾燥狀態保存，百合、大麗菊、美人蕉太過乾燥會導致生長變差，故須以濕潤狀態貯藏。另外，在殺菌劑的溶液中浸泡約 30 分鐘進行殺菌，然後再貯藏較為保險。

保持乾燥的球根貯藏方法

1 趁葉子的綠色部分剩下1/3～1/4時挖起，待其完全枯萎後把土抖落，切除莖葉。

2 可分球的進行分球，再把分開的球根裝入網袋中，吊在通風良好處保管。

保持濕潤的球根貯藏方法

大麗花的球根不必分離，埋入裝有鋸木屑或蛭石的容器中，放在不會凍傷的場所保管。

綠手指的小祕訣！

無法馬上移植的百合球根保存法是？

用花盆栽種的百合需要每年挖起移植，但因球根沒有外皮包覆，所以不耐乾燥，一旦乾燥鱗片就會萎縮，導致生長變差。因此挖起的球根別放太久，建議盡早定植。
假如實在沒辦法馬上定植時，請和濕潤的鋸木屑或蛭石一起放入塑膠袋中，置於涼爽的場所保管。

挖起的球根請盡快定植到新的介質中。

關聯項目 整土 →P32、42／定植 →P52～55

宿根性草本植物的繁殖法

宿根性草本植物可多年生長，每年開花。只不過，4、5年會長成大株，葉片過於繁茂會略奪養分及水分，導致生長衰弱、開花數量漸少。此外，還會從悶濕的中心部位開始枯萎，變得很容易生病。

因此，約3、4年1次把植株挖起後分割，讓植株更新是必要的作業。此作業稱為「分株」。

替植株進行分株移植，更新同時還可繁殖，是一舉兩得的作業。

分株方法，有挖起後連芽分割的方法，或是切離吸枝或走莖的方法，請根據植物的生長狀況，挑選適合的方法與時間進行分株作業。

大株宿根性草本植物的分株

以3、4個芽為一株，連同根部一併分株，且盡可能徒手進行。用手實在掰不開時，請用消毒過的園藝剪或刀具切割分離。

玉簪的分株

地上部帶有葉片時，挖起前先切除葉片。用手無法分開時，請用銳利的刀具切除。

龍膽的分株

分開的植株把長根修剪至1/3，盡量保留粗的新根。

西洋報春花的分株

把植株從盆中拔起，去除老葉及受傷的葉片，在發芽的地方謹慎地進行分株。

非洲菊盆栽的分株

盆植栽種的非洲菊，根系很快就會盤繞纏結，因此 2 年 1 次進行分株移植。開過花的芽會枯萎，因此務必連同新長出的芽進行分株。

1 從盆器拔起植株，抖落舊土鬆開根系，用兩手抓住根的基部，往左右拉扯撕開。

2 通常 2、3 個芽分成一株，想要分出更多數量時則可一個芽一株。

3 分好的植株，定植時不要把植株基部的芽完全埋住，種好後並給予大量的水分。

關聯項目 移植 →P174

連芽分株的方法

這種分株方法，適合非洲菊、百子蘭、西洋報春花這類植株周圍會長出新芽的植物。春天到夏天開花的選在 9 月，夏天到秋天開花的則 2～3 月是適合期。

鈴蘭的分株
地下莖帶 2、3 個芽為一組進行分株。

百子蘭的分株
徒手以 3、4 個芽為一組掰開。

memo

宿根翠菊，將植株或吸枝分開，以扦插等方法簡單就能繁殖。

紫蘭

用地下莖分株的方法

地下莖伸長繁衍的種類，可分取地下莖來繁殖。鈴蘭、玉簪、紫蘭等，2、3 個芽為一組連根將地下莖切取分開。

用根莖繁殖的德國鳶尾及花菖蒲是切離根莖，把切下的地下莖種在有別於目前栽種處的地方，可有助於日後的生長。

德國鳶尾的分株

1 花開後的 9 月，用鏟子大把挖起，注意避免傷到根莖。

2 庭園栽種 2、3 年 1 次，進行分株。因不喜連作，建議換個地方栽種。

3 務必連同新芽，徒手把長出新根莖的根分開。

菊花

用吸枝分株的方法

菊花、秋明菊、宿根翠菊等，植株周圍會長出吸枝。吸枝是從莖的基部長出來，在地下橫向生長，然後在地上部發芽。挖起植株，確認從吸枝有長出根，一根 1 個芽地切離分株。

盆植栽種的 1 年 1 次，庭園栽種的 3 年 1 次，分株時也可將吸枝切取下來，用來繁殖植株。

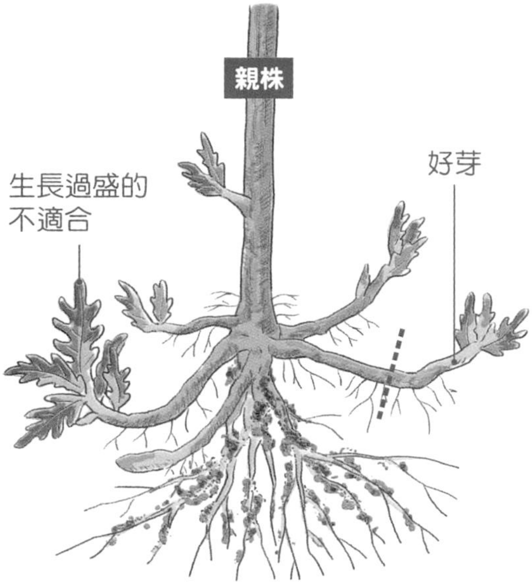

秋菊在 12 月上旬挖起，切離冬至芽。芽建議挑選離親株較遠的。

菊花的冬至芽分株

菊花每年芽插讓植株更新，生長會更良好。開花結束後，在接近植株基部會長出冬至芽，在冬天變成蓮座狀。分切下這些芽，可作為隔年春天的芽插插穗。開過花的莖，回剪至接近地面數公分的高度。

遍地金的分株

遍地金的吸枝在地下爬行伸長，將子株全部切離使其繁殖。連同根部，避免傷到芽地進行分株。

關聯項目 移植 →P174

分取子株來繁殖

從植株根的基部延伸出藤蔓狀的莖，並在前端附近長出芽，從節的地方發根長出子株進而繁殖的草莓、虎耳草、吊蘭等，可切斷走莖的子株來繁殖。

走莖與吸枝非常類似，但是走莖不會潛入地下，這一點是最大的差別。

還有，只要開過一次花，植株就會枯萎的擎天鳳梨、空氣鳳梨等鳳梨類、君子蘭、非洲堇等等，不會長出走莖，而是直接在植株基部長出子株，因此是摘除子株來繁殖。

分株後置於半日照處，植株若會晃動，請設立支架。另外，視植株狀態勤於給予葉片水分。

非洲堇的子株分離

1 確認子株的位置，用銳利的刀具切取下來。

2 用筷子在濕潤的蛭石挖洞，種入子株。

直接長在植株上的子株分離

繁殖同時還可進行植株更新。盡可能不傷到莖與根，從分岔處切離。

擎天鳳梨的子株分離

子株長在基部硬的地方，請從親株小心地折取下來。

鳳梨類的子株分離

鳳梨類切取開過花的植株旁的子株來定植。

吊蘭的子株分取

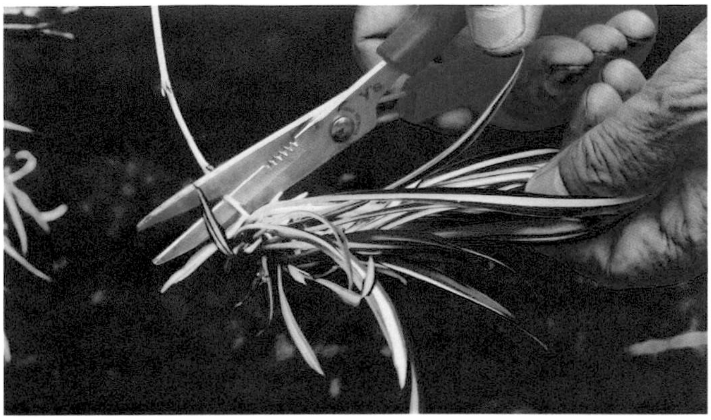

1 剪下走莖切離子株（吊蘭，長在走莖上的子株的根長到 3 公分左右時即可分株）。

長在走莖上的子株分離

長出走莖旺盛生長的植物，除了分株，也可利用走莖的節上長出的子株來繁殖。

2 定植在觀葉植物用的培養土中，給予大量的水。

草莓的子株分取

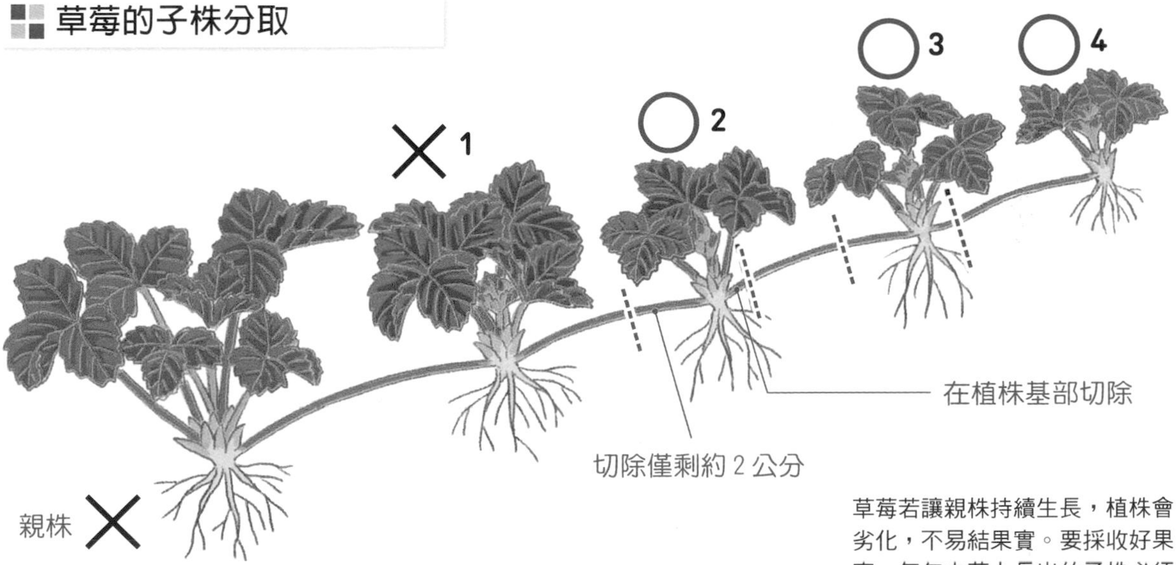

草莓若讓親株持續生長，植株會劣化，不易結果實。要採收好果實，每年走莖上長出的子株必須進行移植使其更新。靠近親株的苗生長過盛而老化，請挑選親株數來第 2 到第 4 株、長出 3 ～ 5 片本葉的子株，切除時讓靠近親株的走莖保留 2 公分左右，子株側的走莖從根部切除。

草莓的立柱式栽培
子苗栽培成立體柱狀，也很有觀賞價值。

簡單的草莓子株分取
先在小塑膠盆中加入介質，再將分株好的子株擺在塑膠盆上。

關聯項目 設立支架 →P102

給予葉片水分

葉片萎縮的話，勤於用噴霧方式給予葉片水分。

設立支柱

根系變少，植株呈現晃動狀時，可設立支柱。

分株後的管理

分株後的植物，根系變少且遭受劇烈傷害，所以無法充分吸收水分。在新芽生長前置於半日照處，避免介質乾燥地進行管理，待新芽生長後，再給予日照、施用肥料。

綠手指的小祕訣！

有不須分株任其長成大株的宿根性草花植物嗎？

不頻繁分株，種在庭園及花圃中任其自由長成大株，滿開時也非常壯觀。只不過，若因過於大株，而讓花的姿態變差時，仍然可以進行分株移植。

期間	種類
建議放任3年左右的植物	◆穗花婆婆納 ◆宿根福祿考 ◆萱草 ◆姬向日葵 ◆德國鈴蘭 ◆蜂香薄荷 ◆友禪菊
建議放任4、5年左右的植物	◆秋明菊 ◆泡盛花 ◆聖誕玫瑰 ◆荷包牡丹 ◆百子蘭 ◆山菊 ◆岩白菜屬 ◆火炬百合 ◆鳴子百合

岩白菜屬

紫蘭

山菊

穗花婆婆納

雪柳、棣棠花、茶樹等直立型的樹木，可進行分株。與花草相同，連根系一同分株，既簡單且不易失敗。

庭園樹的分株

桃葉珊瑚、落霜紅、麻葉繡球、雪柳、胡枝子、南天竹、棣棠花、繡球花、辛夷等叢生型的樹木，可進行分株。落葉樹是在春天或秋天的落葉期，常綠樹是4月或梅雨時期進行。

只要把植株挖起來，然後用鋸子或剪定鋏切開，再種在其他地方就可以了。因為連同根系一起，所以樹木的負擔變少，很容易就能扎根。

大型的植株，周圍的土挖起一半以上讓根露出來，然後用鏟子等工具分取出適當的大小，再把親株直接種回去；小型的植株，整株挖起來，根系均等分株。

分好的植株，地上部修剪至1/3，趁根系尚未乾燥前盡快定植。

1 植株若長得過大，可進行分株。在適合移植的時期，在欲分株的部分挖起大量的土。

2 用利鏟或鋸子等工具切分植株。根系均等附著，並留意避免傷到植株。

3 分好的植株趁根系未乾時，定植在新的地方。定植處建議先挖好植穴。

關聯項目 設立支柱 →P102／移植 →P178

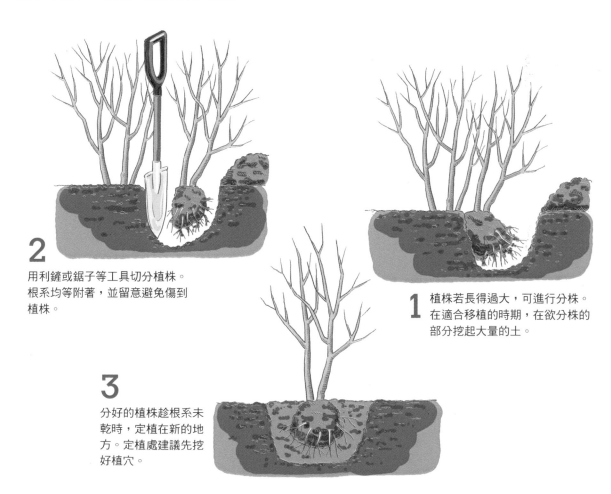

用扦插法繁殖

繁殖植物最簡單的方法，就是扦插法。一般而言，從種子開始培育到開花較為耗時，且園藝品種無法栽培出與親本相同的品種。然而，作為插穗切下的枝條插入土中後發根，不僅可培育出與親本相同的品種，也可繁殖出不易結種子的植物。

除了扦插枝條或莖幹的「枝插」及「芽插」之外，還有切取葉片或根部來扦插的「葉插」及「根插」，以及普通扦插法不易發根之種類使用的「密閉扦插」等各種方法。

另外，植株容易老化的菊花等植物，也可利用扦插來達到更新植株的目的。

單獨使用小顆赤玉土的介質。從盆底吸水後再扦插。

市面上販售的介質。

扦插用的介質

排水好、乾淨、不含肥料，是扦插介質的條件。除了單獨使用（不混合使用）不易碎的小顆赤玉土或硬質鹿沼土之外，市面上也有販售扦插用的介質。

各種插穗

從植株上切取下來的插穗，草本約 5 公分，木本約 10 公分為標準。

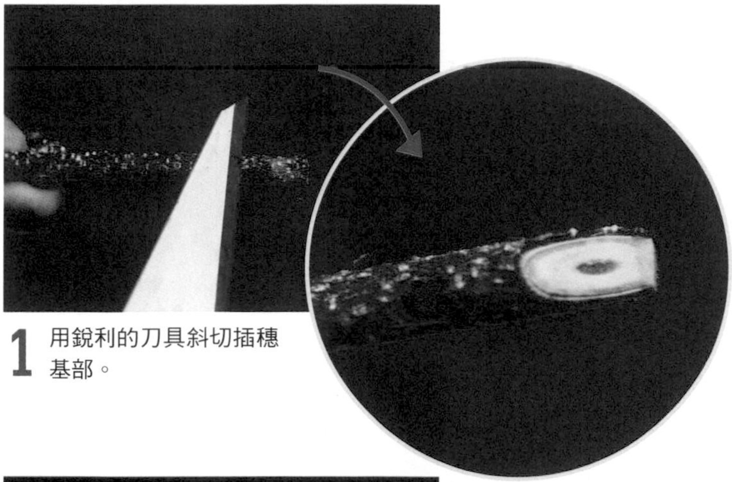

1 用銳利的刀具斜切插穗基部。

插穗的枝條切法（枝條較硬者）

插穗是從切口吸收水分，基部的切口面積大，可形成許多根莖基底的形成層，變得更容易發根。建議使用銳利的刀片，留意避免破壞切口的細胞，並且盡量讓切斷面大是重點所在。

2 另一側也斜切成楔子型。

綠手指的小祕訣！

提升扦插效果的技巧

插穗，請盡可能使用健康、生長良好之幼株的幼嫩枝條。若使用銳利的刀具，切口可早點癒合，發根率也會變好。為了避免插穗傾倒，將插穗插入介質約 2 公分左右，緩緩地澆水；或者事先用水把介質表面弄濕，可避免介質崩解，插穗也不會傾倒，順利地完成扦插。

插穗的調整 ②
大面積的葉片修剪掉約一半。

插穗的調整 ①
去除埋在介質裡的下部葉片。

插穗的調整

要讓插穗容易插入介質，可將插穗下部的葉片去除。為了防止大面積的葉片蒸散水分，上部的葉片修剪掉約一半。

關聯項目 嫁接 →P146

菊花的頂芽扦插法
用筷子挖穴，避免傷到切口地把吸足水分的插穗一根根扦插，然後把周圍的土撥過來填滿。

各種枝插法

扦插法中最被廣泛運用的，就是把枝條作為插穗的枝插法。摘心、整枝、修剪、回剪作業時取得的枝條或莖幹，也可用來作為插穗。
還有，葉片凋零呈休眠狀態的落葉樹的枝條，在早春扦插稱為「休眠扦插法」，春天長出的新梢在梅雨期扦插稱為「綠枝扦插法」，也有像這樣根據時期來區分的方法。

休眠枝扦插法
落葉樹一般是在枝條貯蓄養分的2月下旬～3月施行，也可先把秋冬採取下來的新梢埋入土中貯藏，等到3月再扦插的方法。

綠手指的小祕訣！

有促進發根的訣竅嗎？

有些樹木的枝條不太容易發根，此時可在吸足水分的切口塗上發根劑，或是將發根劑溶於水後讓插穗吸收，可變得更容易發根。多數植物建議選在梅雨季或9月，但不同植物也有其適合的發根時期。別怕失敗，多嘗試幾次吧！

在吸足水分的切口塗上發根劑。

梅雨季、9月以外適合的植物
2～3月 無花果、麻葉繡球、紫薇、楓樹、紫藤等落葉樹。只不過貼梗海棠僅限秋天。
3月中旬～4月中旬 石榴等等。針葉樹建議進入4月再進行。丹桂趁枝條軟嫩時較容易發根，因此4月中旬左右是適合期。
7～8月 常綠闊葉樹在這個時期進行夏季扦插。

發根劑

繡球花的綠枝扦插法

綠枝扦插法，是使用充實的新梢作為插穗，主要是茶花等常綠闊葉樹經常使用的扦插方法。繡球花使用新梢來扦插，可讓存活狀況良好，若在 5 ～ 7 月進行，簡單就能打造出精巧的植株。

1 挑選長滿粗節間的枝條，連同 2、3 片葉子一起切除。

3 為了預防葉片重疊或水分蒸發，把葉片修剪成一半。

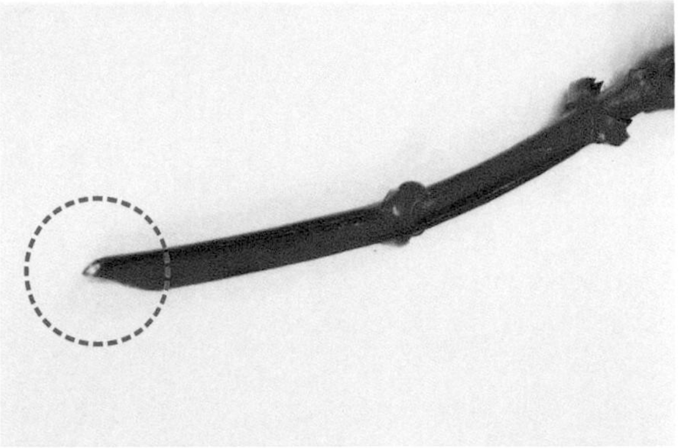

2 插穗的基部修剪成楔子型。

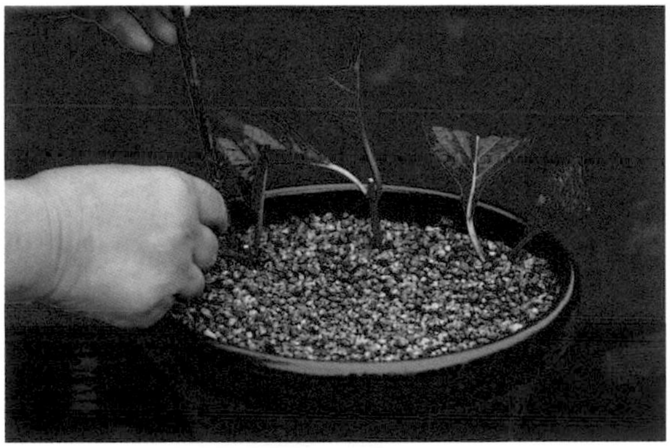

5 先弄濕介質，用筷子挖穴後插入吸水的插穗，然後把周圍的介質堆積過來。

4 杯子裝水，插穗浸泡半天左右使其吸收水分。吸足水分可減少失敗。

繡球花

關聯項目 扦插後的管理 →P140 ～ 145

葉插、根插、莖插

切取葉、根、莖來繁殖的方法。

葉插分為剪下帶有葉柄的整片葉子作插穗稱為「全葉插」；以及切取單一葉片來扦插的「單葉插」。「根插」則是將根莖或根作為插穗，使其長出不定芽、不定根的繁殖方法。還有，切取頂芽下方莖幹來扦插稱為「莖插」，比葉插及根插可取得更多的插穗數量。

大岩桐

非洲堇屬的全葉插

拔取帶有葉柄的健康葉，葉柄修剪成約 2 公分，葉片根部接觸用土地扦插。

大岩桐的單葉插

葉片平放在介質上也可發根。切成兩半的葉片也可用來扦插。

千年木的莖插

切取下葉凋落的莖幹 4～5 公分，避免上下顛倒地深插入土。也可平放埋入介質。

葉薊的根插

粗根切取長約 3 公分左右的圓柱狀，平放在介質上，覆蓋約 5mm 厚的介質，使其發芽、發根。

園藝知識補給站

善用身邊的容器

有的植物只要把切取下來的枝條插入水杯中就能發根。羅勒、黃金葛、柳樹、紫薇等可使用此方法，勤於換水避免腐爛，生長後就移植到盆器中。

紫薇的水插法

使用深盆扦插

若利用深約 30 公分的深盆，不須使用金屬絲等支架，只要用保鮮膜包覆密封即可。閉密內部的溫度不易上升，不容易變乾，因此給水的管理較為輕鬆。

關聯項目 扦插後的管理 →P140 ～ 145

密閉扦插法

適用於藍莓、胡枝子這類用普通扦插法不易發根的植物，或是綠枝扦插時也可使用。發根前用透明塑膠袋把插床完全包覆密封。

藉由密封狀態，讓盆器內的濕度變高，抑制葉片蒸發水分，還可防止葉片萎縮，同時取得保濕效果，變得更容易發根。

繡球花的密閉扦插法

1 為了避免塑膠袋直接接觸插穗，用金屬絲架起十字支架。

2 由上往下套上塑膠袋，開口部分用繩子綁住密封。介質變乾就替水盤加水，使其從底部吸收水分。

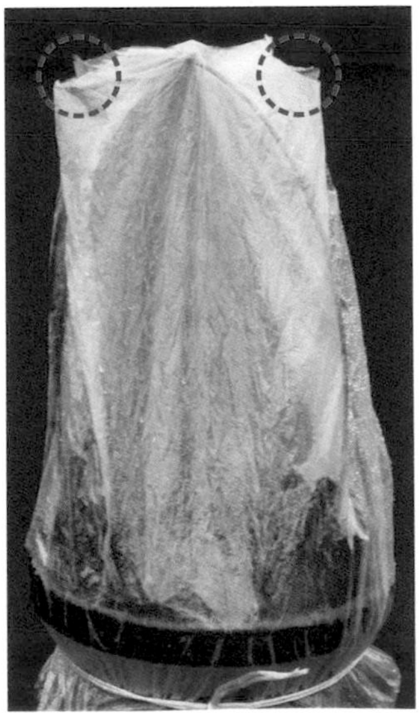

3 在明亮的陰涼處進行管理，一旦開始發芽或發根，就替塑膠袋的邊角開洞，使植株適應環境，最後再取下塑膠袋。

扦插後的管理與幼苗移植

扦插後需要注意的，是風雨導致插穗鬆動，無法順利發根。為了讓根確實扎根，必須要進行對應的管理。確保日光、溫度、插穗水分的均衡非常重要。

只不過，接觸直射陽光會讓水分蒸發失衡，變得難以發根。發根前置於不會受風的明亮陰涼處，用竹簾或黑紗網防曬。介質表面一變乾就澆水，一開始給多一些，然後逐次減少。

從育苗箱及盆器底部竄出白色的根，或是長出新芽，就是發根的信號。發根後慢慢接受日照，確實扎根後再進行「幼苗移植」，種到盆器或育苗軟盆中。幼苗移植若接近冬天，則等到春天再移植。

各種扦插苗

葉色漂亮、結實生長的苗，輕輕拉扯可感受到回應，可得知根系正在順利扎根。

置放場所的管理

發根前使用黑紗網或遮光網，避免直接照射陽光或風吹。

memo

發根適合的溫度一般是20°C。充分發根後，挑選適合時期進行移植。

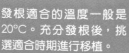

幼苗移植

為了培育好苗，充分發根後，請將幼苗移植到育苗軟盆中。

木春菊的幼苗移植

1 用湯匙等工具挖起苗周圍的介質，然後小心地把苗拔出來。

2 介質倒入育苗軟盆中，然後將苗分別種入不同軟盆中，以利根系伸展。

3 幼苗移植全部完成後，給予大量水分讓苗穩定下來。

綠手指的小祕訣！

不易扦插的植物有哪些？

有的植物只要讓插穗泡在水裡就能發根，但也有柿子、栗子、蘋果、鳳梨番石榴、山茱萸、白鵑梅、鐵冬青、洋玉蘭、木蓮這類很難發根的植物。
與大量培育扦插苗的業者不同，家庭園藝不一定會有定時噴灑霧水的噴霧裝置，因此建議使用扦插以外的壓條或播種等方法。

蘋果

山茱萸

白鵑梅

關聯項目 播種 →P117／移植 →P119

用壓條法繁殖

「壓條法」是刻傷枝條或莖幹的一部分，等待傷口發根，發根後切取下來作為樹苗的方法。

廣義來說也有分株的意思，可取得直接繼承原植株相同性質的樹苗。雖然不能一次大量繁殖，但是與嫁接法及扦插法相比較為簡單，是很少失敗的方法。還有，因為是從親株切離，因此具有可取得比扦插更大且生長良好的樹苗，以及開花結果較快等優點。

要將生長過高的橡膠樹、硃砂根等植株調整為較低矮的樹勢，或是替下葉開始枯萎的千年木進行植株更新時，可施行「空中壓條法」，也是常見的壓條法，而長直立型的樹木，則可採取「堆土壓條法」或「普通壓條法」。

普通壓條法

枝條倒伏在地面，用土覆蓋，從而促進發根。

空中壓條法

取下部分枝條表皮（稱為環狀剝皮），從該處發根繁殖。

堆土壓條法

用土堆覆蓋植株基部，使其從該處發根。

入門者 Q&A

Q 想要讓下葉枯萎的觀葉植物重新發根

A 建議採取兼具植株更新作用的「空中壓條法」

環狀剝皮的範圍取 2 公分左右是重點所在。範圍過窄、剝取過淺，木質部露不出來，皆無法發根。

空中壓條法

去除部分莖幹及枝條，用水苔包覆維持濕度，促使發根的方法。若是取長出花芽的部分作為壓條，馬上就能取得開花樹苗。
適合施行高壓法的時期，常綠樹是4～5月，落葉樹則是6月左右。

適合空中壓條法的植物	◆洋玉蘭 ◆千年木 ◆鵝掌藤 ◆印度橡膠樹 ◆榠楂 ◆葡萄 ◆石榴 ◆硃砂根 ◆金合歡等等

迷迭香的空中壓條法

1 去掉作為壓條部分的葉片。

2 剝除下方及節的皮，或用金屬絲繞緊促使發根。

3 葉片去掉的部分，用濕潤的水苔包覆成團狀。

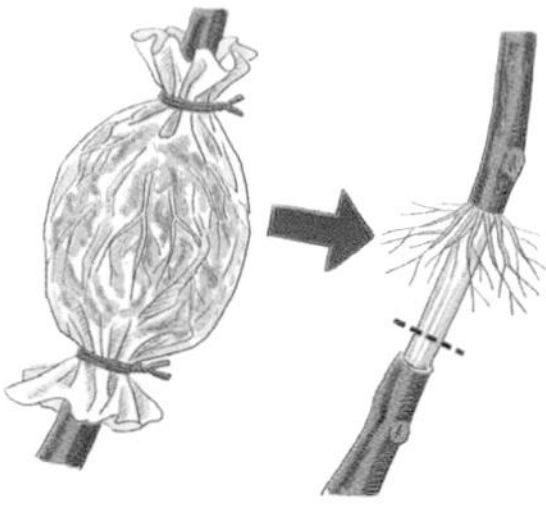

切離空中壓條法的壓條樹苗
從塑膠袋外側也看得到根的話，即可拆掉塑膠袋，從親木切離。

4 用塑膠袋包住水苔，上下用繩索綁住。上面綁得稍微鬆一點，下面則綁緊。

5 充分發根後從親木切離。

6 切離的樹苗盡快定植到盆器中。若取用長出花芽的部分作為壓條，很快就會開花。

關聯項目 分株 →P126～133

黑莓

普通壓條法

把枝條埋在土中使其發根的方法，利用靠近親木植株基部長出的分櫱枝來製作新苗。想要替扦插困難的山茱萸、蠟梅、落葉性的蓮華躑躅等植物取得樹苗時，便可採取此方法。

適合普通壓條法的植物			
	◆藍莓	◆鳳梨番石榴	◆黑莓
	◆露莓	◆醋栗	◆毛櫻桃
	◆紅豆杉	◆常春藤	
	◆繡球花	◆蔓性玫瑰	

黑莓的普通壓條法

1 為了容易發根，將壓條處的葉片去除，剝除外皮。

2 因為是在枝條前端發根，因此在枝條前端 3 ～ 5 公分範圍堆土。

3 為了防止枝條往上露出地面，壓上磚塊等重物。

切離普通壓條法的壓條樹苗

充分發根後挖起，從發根處的下方切離。

貼梗海棠

堆土壓條法

把土堆在植株基部，讓土中的枝條發根的方法，當枝條直挺沒有彎曲，或是用普通壓條法無法作成苗時可施行。親株回剪至接近地面，使其長出許多新枝條。發根後，於適合定植的時期切取下來。

適合堆土壓條法的植物	◆月桂 ◆雪柳 ◆貼梗海棠 ◆結香 ◆辛夷 ◆梨 ◆蘋果 ◆李 ◆杏 ◆栗

堆土壓條法的作業

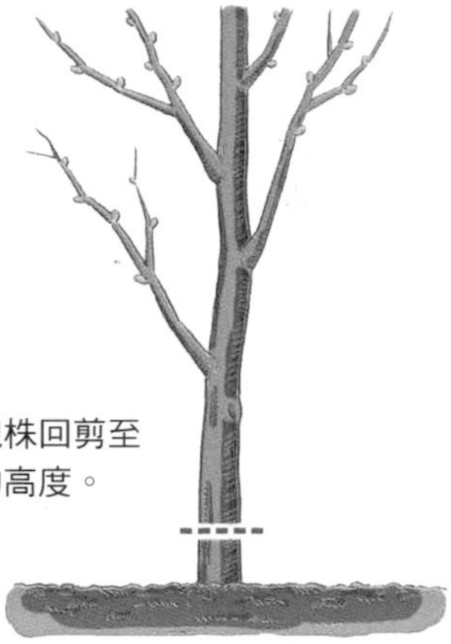

1
春天時將親株回剪至接近基部的高度。

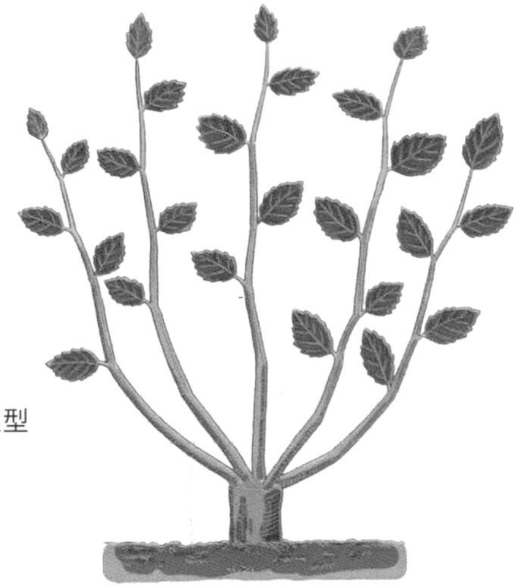

2
長出許多直立型的新梢。

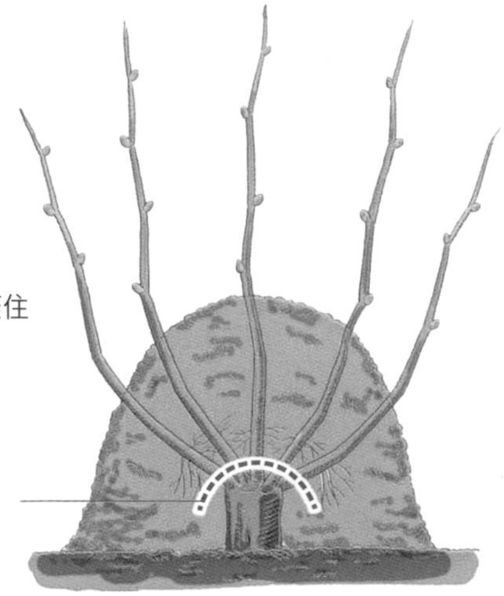

3
用土堆充分覆蓋住新梢基部。

在適合定植的時候於發根處的下方切離

入門者 Q&A

Q 想要製作大型的棣棠花樹苗

A 雖然發根需要點時間，但可使用堆土壓條法

植株基部用土堆覆蓋，可取得扦插法無法取得的大型樹苗。發芽前先回剪至接近地面的高度，可取得較多的苗。

關聯項目 分株 →P126 ～ 133

用嫁接法繁殖

枝條與枝條接合成緊密相連的單一枝條，這項人工繁殖作業稱為「嫁接」。嫁接需要有「砧木」及「接穗」，接上去的部分稱為接穗，被連接的帶根植物則稱為砧木。接穗藉由砧木的根來生長成活。

不太容易利用扦插法及壓條法繁殖的樹種，或是想結出不同品種的果實時，可以使用此方法，此外還具有抑制樹高的優點。

嫁接的作法之一，是接合切取下來之枝條的「枝接法」。而枝接法中最常使用的「切接法」，是將砧木的表皮與木質部之間劃出切口，然後插入接穗，讓形成層接合的方法，經常用於果樹及花木。

用嫁接法繁殖

接合植物的性質會直接顯現出來是嫁接的特徵，可用來繁殖優良品種。

切接的方法

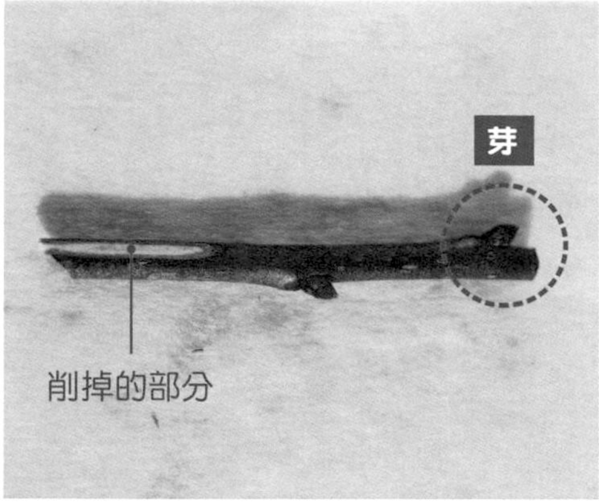

1 接穗下方 1～2 公分處斜斜削掉，讓前端有芽的那一側的下部可看見形成層地削掉薄薄一層。

2 為了避免接穗變乾，用沾濕的廚房紙巾包住。

3 在砧木的形成層切出約 2 公分深的切口。

memo

嫁接具快速開花結果，取得生長良好植物的優點。

綠手指的小祕訣！

嫁接時為何要讓形成層緊密結合？

木質部的外側有細胞活躍的淺綠色形成層，接穗與砧木透過此形成層的銜接癒合而成活。
嫁接時，若砧木與接穗的形成層沒有完全接合，會無法成功。務必確實地接合，切口用嫁接膠帶纏繞固定。

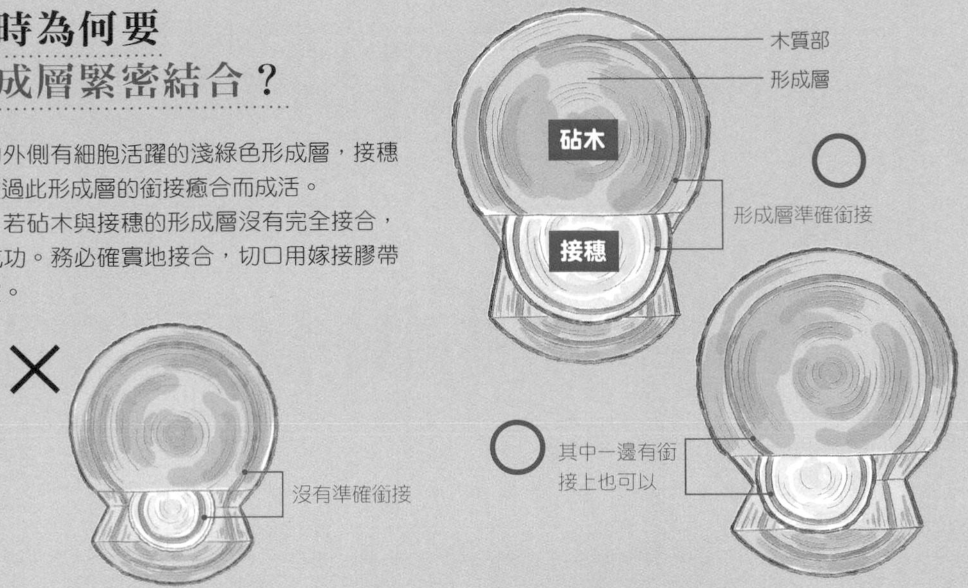

5 用嫁接膠帶纏繞固定，避免雨水滲入。

4 趁切口未乾時，讓接穗與砧木的形成層接合起來。

關聯項目 整枝、修剪 →P162

多肉植物的繁殖法

仙人掌及多肉植物，也可透過播種、分株、扦插、嫁接等方式來繁殖。

嫁接的目的包括，讓生長遲緩的植株借用健壯砧木的力量盡快發育、讓根部腐爛的衰弱植株恢復樹勢、培育緋牡丹這類不可行光合作用的植株、以及增添外觀獨特趣味性等等。

播種繁殖則具有迅速取得大量種苗、獲得珍貴品種或異變品種等優點。若是長出許多子株，還可用分株繁殖。

扦插繁殖多肉植物的作法，有莖插及葉插。大量繁殖時用葉插，想要又快又大時則用莖插。兩者都可取得與親株相同性質的苗。

仙人掌的繁殖方法

扦插不只是繁殖，也有整理紊亂形狀、讓老株返老還童等目的，是長久欣賞仙人掌的必要手段。

仙人掌的扦插
木麒麟上嫁接各種仙人掌，展現充滿趣味的視覺效果。

發芽的仙人掌
仙人掌的種子很細小，播種時不可重疊，且不必覆土。第一年以弱光栽培，發育後再使其慢慢習慣光線。

螃蟹蘭的葉插

螃蟹蘭用葉插法可輕鬆繁殖。可利用春季移植時摘取下來的葉片。挑選沒受傷的健康葉片，切取後放一週左右使其充分乾燥再扦插，就不會失敗。

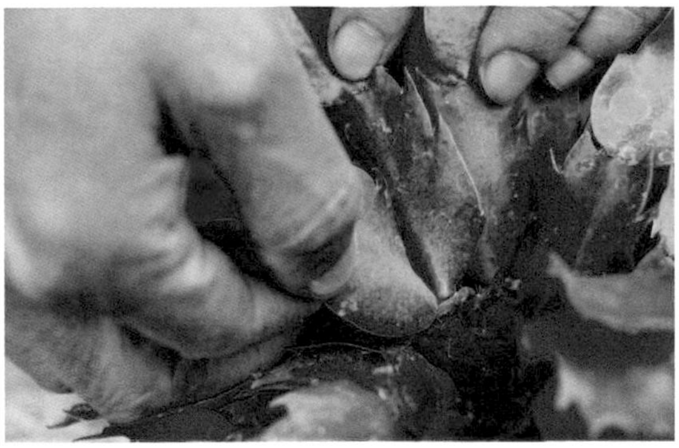

1 摘取 2 節左右沒有病蟲害的健康葉片。

2 將插穗插入螃蟹蘭專用的介質中，注意不要上下顛倒。

用莖插打造而成的多肉植物組合盆栽

事先用扦插繁殖，當已生長的植株生長變差時，可用來讓植株更新，或是作為親株枯萎時的預備苗。

多肉植物的扦插
多肉植物扦插時，先去除下葉，再淺淺地插入介質。

園藝知識補給站

讓切口乾燥以防腐爛的要點

多數的植物，切取下來的插穗必須先充分吸水再行扦插，但是給予大量的水分，多肉植物及仙人掌容易腐爛，因此插穗不吸水，切口置於半日照處 4～5 天使其乾燥後再插入介質中。還有，扦插後不必馬上給水，確定發根後再開始給水。

摘取下來的葉片，置於半日照處 4～5 天左右使其乾燥。

memo

落地生根只要把葉片放在介質上就能發芽。

關聯項目 整地→P42／定植→P50／澆水→P74／種菜→P214

綠手指的小祕訣！

花莖前端長出葉子可以不處理嗎？

石斛蘭屬的秋石斛類，經常長出高芽。高芽任其生長，整體植株的生長會變衰弱，所以請務必去除。還有，蝴蝶蘭及朵麗蝶蘭，若只修剪掉開花的部分，會從殘留的部分長出葉片，這也是高芽。長出白根的時候，從親株切離定植他處，便可長成新的植株。

朵麗蝶蘭的高芽

小葉片變成 2 片，根長到 2 ～ 3 公分的時候，連同花莖切取約 5mm，用水苔包覆後種在 2.5 寸素燒陶盆中。

秋石斛的高芽摘取

高芽摘取的適合時期，雖然是 4 ～ 5 月和 9 ～ 10 月，但若根長到 3 公分以上時，隨時都可以摘除高芽。切離時不可硬扯，需避免傷到親株及高芽。

1 高芽連根用園藝剪刀切除。也可直接用手指摘除帶根的高芽。

2 根系之間塞滿水苔，根部周圍也用水苔包覆。

3 種在 2.5 寸的小素燒盆中。

part 6

整枝、修剪的技巧

整枝、修剪的目的

放任枝葉生長過度茂密的話，通風和採光會變差，樹形也會變得凌亂或樹勢變弱，甚至可能會成為病蟲害發生的原因，所以要進行整枝或修剪作業。整枝、修剪是指讓樹形縮小，剪除不要的枝葉，能促進新芽增生，並讓地上部分和地下根部之間的比例均衡，以免重心不穩被風吹倒。

整枝雖然主要是為了讓樹形優美而針對枝幹進行調整，但為了讓花木植物能夠結花苞，或是便於果樹收獲等作業的進行，並增加結果數量，也會實行整枝作業。

而為了達到整枝的目的，切除掉枝幹的作業稱之為修剪。修剪時，因為會傷到樹木，所以務必要選擇正確的切除方法和適當的時期，以避免病原菌從傷口侵入。

整枝、修剪的重點

整枝、修剪的基本就是要徹底觀察整個樹體。選在容易看清楚樹枝的分布與走向的落葉期，仔細觀察有哪些乾枯、生病，或是造成樹形凌亂等等留下來會對樹木生長造成不良影響的不要枝條。

蘖生枝

從植株基部萌生出來的小枝條，也有人稱之為「子枝」。生長速度快，且會破壞樹形，導致樹勢受損，所以要從基部剪除。

memo

無論是庭園栽種還是盆植栽種，都要配合空間調整樹形。因此整枝、修剪很重要。

平行枝

往同個方向延伸的枝幹，會造成樹形發展不均衡。評估其它樹枝的生長分布狀況，據以決定要切除哪根枝幹。

交叉枝

與正常生長的枝幹交叉的枝幹，又稱為「纏繞枝」，會造成枝葉密度增加，導致潮濕悶熱，所以要從基部切除掉。

幹生枝

從主幹長出來的不要枝條。會破壞樹形，同時會搶奪養分，所以要從基部切除掉。

車輪枝

從同一處長出 3 根以上的枝幹，因會影響樹形的美觀，所以請視整體樹枝分布的均衡性，只留其中一根，剩餘枝幹皆去除。

關聯項目　修剪工具 →P20／病蟲害對策 →P194～205

不失敗的枝條修剪方法

先決定好想要的樹形，再仔細觀察哪些枝條會破壞你想要的樹形，將不要的枝條去除。

將乾枯、生長勢弱和密生的枝條從枝條基部剪除，稱之為「疏枝修剪」。由於是從基部開始剪除，所以若修剪方法錯誤，會造成無法萌生新芽，進而導致無法開花，因此務必要小心。另外，為了縮小樹形，維持一定的大小，將長枝條剪短以調整樹形的修剪方式，稱之為「短截修剪」或是「回剪」。

兩種方法都是能讓通風和採光變好，維持漂亮樹形的必要作業。若不牽涉到開花的問題，純粹只是要控制樹木的大小，或是針對過密的樹枝進行疏枝，在任何時候都可以進行修剪。

有芽枝條的修剪方法

確認芽的生長位置，水平橫向或是稍微斜切下刀。

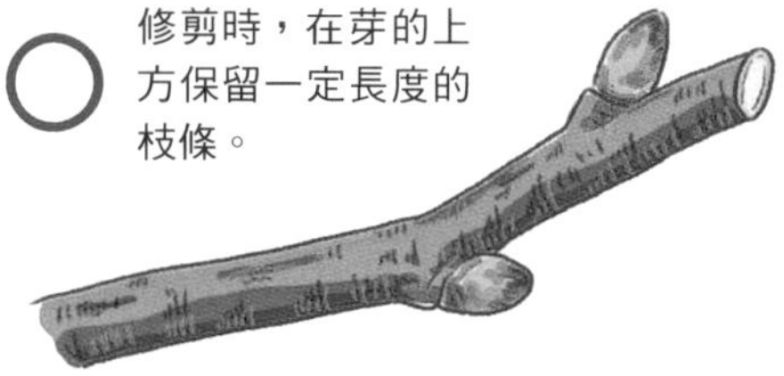

修剪時，在芽的上方保留一定長度的枝條。

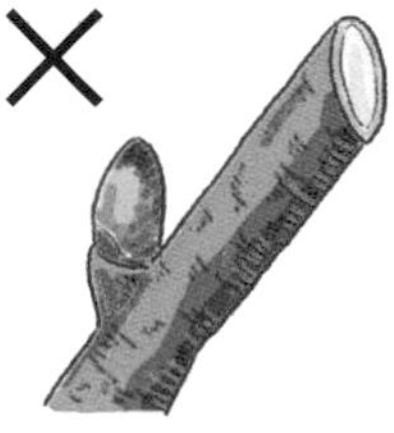

芽上方保留的枝條過長。

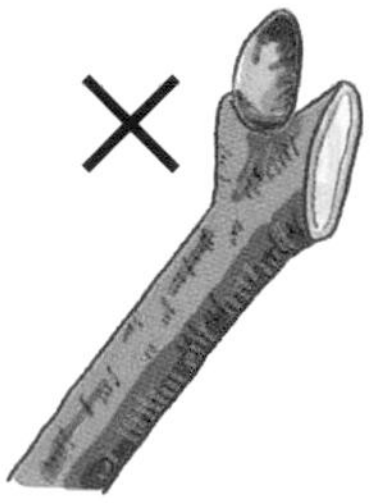

修剪過深，切口超過芽的下方。

細枝的修剪方法

修剪枝條時若有殘枝，往後會從殘留部位長出強健枝條，因此修剪時請盡可能地靠近枝條基部。

細枝要用剪刀等工具從枝條基部剪去。

園藝知識補給站

修剪枝條時應注意事項

在修剪中枝～粗枝時，若從枝條上方用鋸子一刀鋸斷，會因為枝條的重量，撕裂樹皮，連帶傷及樹幹。

中枝～粗枝的修剪（主枝疏剪）

利用鋸子將不要的較粗枝條切除鋸斷的作業，亦稱截枝作業。具有讓樹冠內部的採光和通風變好的效果。

中枝～粗枝的修剪順序

1 用鋸子先從枝條下方開始鋸，鋸到大約枝條直徑一半的深度為止。

2 在稍微前頭的地方，從枝條上方下刀，切進去之後，將枝條的前頭折斷去除。

3 將殘留的枝條，用鋸子小心翼翼地從基部下刀切除。

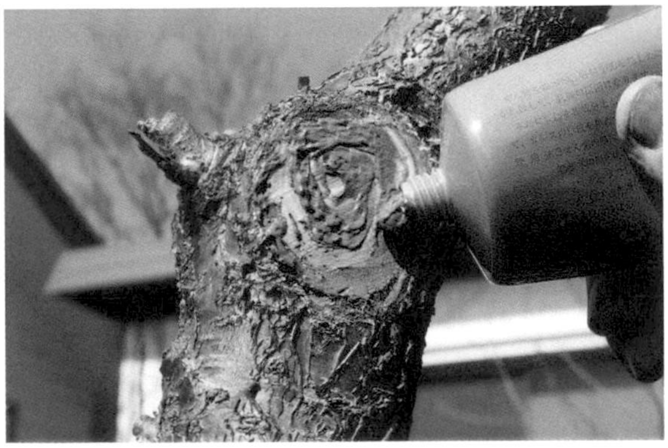

4 為了避免腐敗菌等病菌的侵入，要在切口上塗抹癒合劑加以保護。

關聯項目 修剪工具 →P20／疏枝 →P106

memo

在修剪枝條時，要將乾枯及有病蟲害的枝條切除，打亂樹形的枝條也要一併修剪掉。

保留花芽的花木修剪法

正常情況下，種植於日照充足場所的花木，只要長至成木自然會開花。長至成木仍不開花的主要原因，有可能是因為修剪時將花芽剪除所導致。

修剪花木時，在維持樹形的同時，務必注意不要損及花芽。若對於花芽的生長時期，著生於何種枝條的哪個位置，或是開花的習性全然不了解，可能會把好不容易長出的花芽剪掉，導致無花可開的狀況。

一般而言，花芽大多是在初夏至秋天這段期間生長，較早長花芽的話，當年就會開花，若是較晚長的話，就要渡過冬天，到翌年才會開花。仔細觀察並確認花芽的生長狀況，修剪時要盡可能地保留花芽，以免妨礙開花。

頂芽形成花芽，當年度開花的類型

著生於新梢的頂芽會形成花芽，當年度就會開花的花木，會在枝條前端長花芽，若把枝條前端剪掉，會連帶把花芽切除。適合修剪的時期是晚秋到翌年的3月，稍微晚一點修剪還是能開花。

屬於這個類型的樹種	◆金絲梅 ◆夾竹桃 ◆金絲桃 ◆醉魚草 ◆大輪金絲梅

夾竹桃

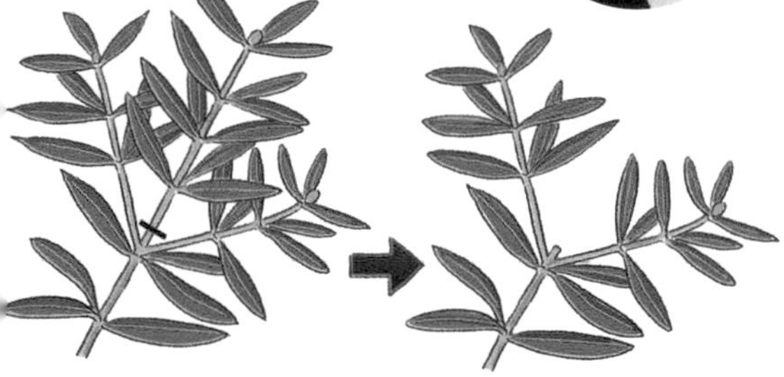
夾竹桃的疏枝修剪
因為樹形凌亂，所以從長枝條下部的分叉點下刀剪短。

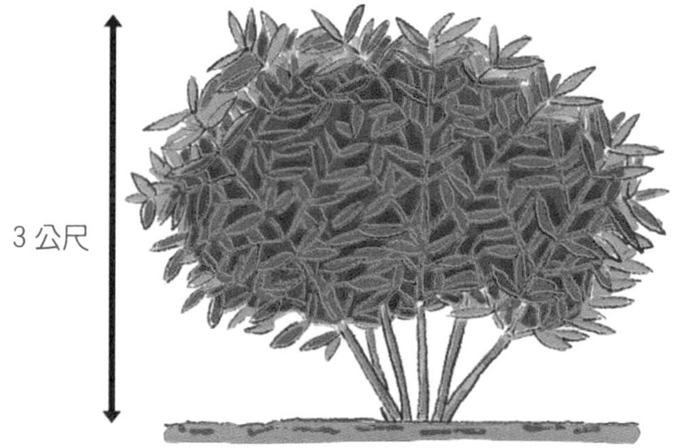

夾竹桃的修剪
一般而言，庭園栽種的夾竹桃在修剪時要維持樹高 3 公尺以下。

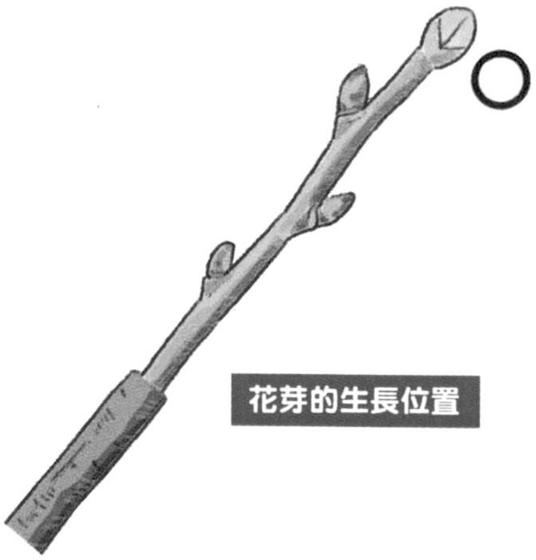

翌年開花的類型也在相同位置。

頂芽形成花芽，翌年開花的類型

著生於新梢的頂芽形成花芽，翌年開花的類型，在花芽長出之後，若修剪枝條前端的話，可能會造成翌年無法開花，因此修剪要在開花完之後立即進行。

屬於這個類型的樹種	◆辛夷 ◆杜鵑花類 ◆茶花	◆瑞香 ◆大花四照花 ◆茶梅

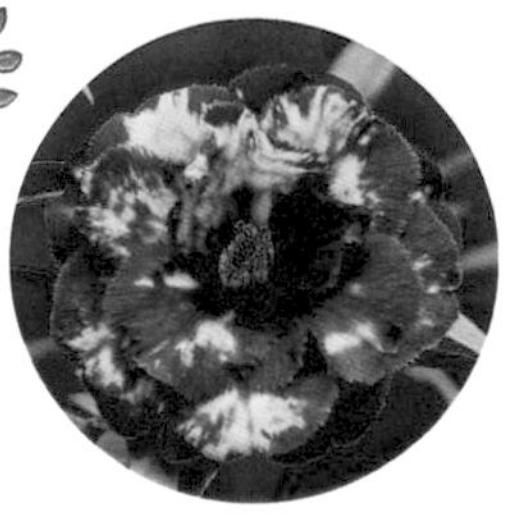

茶花

茶花的秋季修剪

將突出樹冠的樹枝稍作修剪，讓表面變整齊。

開過花的枝條要剪短

沒開花的枝條，不修剪或是修剪時保留 2 ～ 4 個葉芽

茶花的開花後修剪

開花完後在春天進行修剪時，要在枝條基部留下 2 個芽左右。

杜鵑花的開花後修剪

常綠性的杜鵑花，開花完後若馬上修剪，到了翌年會大量開花。

杜鵑花

memo

花芽的生長方式因樹種而異，因此修剪要選擇適當時期，以免剪掉花芽。

鈍葉杜鵑的整枝

若喜歡自然的樹形，可在開完花之後，針對枝條逐一稍作修剪、整枝。

關聯項目 園藝栽培曆 →P206～209

絡石（臺灣白花藤）

斑葉絡石

側芽形成花芽，當年度開花的類型

著生於新梢的側芽（從枝條中間長出的腋芽）形成花芽，在當年度開花的類型。例如絡石，春天時會從莖蔓長出如側枝般短短的新梢，並從其前端或是莖節處，開出成簇花朵。不管修剪哪裡都能萌生新芽，但枝條剪得太小會延遲開花。開花完之後要針對整個植株進行修剪，入秋之後要避免強剪，只需將過密的枝條適度剪短即可。

屬於這個類型的樹種	◆絡石　◆斑葉絡石

絡石的開花方式
從春天時長出的短枝前端開出香氣宜人的花朵。

花芽的生長位置

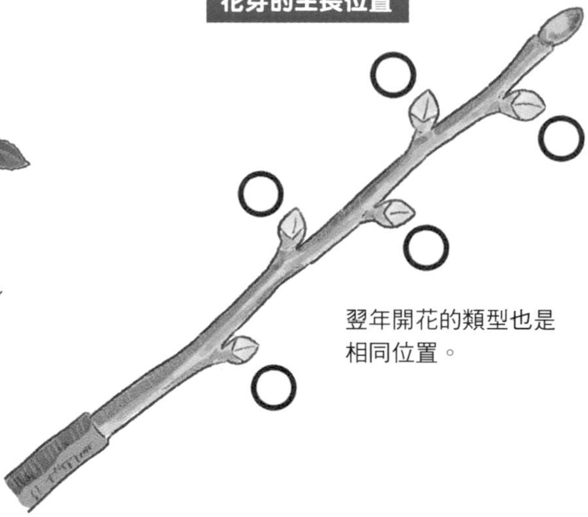

翌年開花的類型也是相同位置。

綠手指的小祕訣！

新梢和前年枝的差異

新梢又稱一年枝或當年枝，係指當年度入春之後新長出來的枝條，是尚未迎接翌年春天，最年輕的新綠枝條。前年枝又稱二年枝，是春天開始萌發的一年枝的前一年度就生長的舊枝條，已完全木質化，質地較硬，大多呈褐色。有的植物是在一年枝上長花芽，有的則是在前年枝上長花芽。

絡石的造型修整方式
因為是蔓性植物，所以可利用格子柵欄、桿子、藤架或圍籬，讓其纏繞攀附。

紫荊

梅

側芽形成花芽，翌年開花的類型

著生於新梢的側芽（從枝條中間長出的腋芽）形成花芽，在翌年開花的類型。枝條上開滿茂密的花朵，前端為葉芽。因為花茂繁盛，只要不從基部剪除，而是從枝條中間修剪，就不至於無花可開。

長得較長的強勢枝條不容易長花芽，所以要將枝條前端剪去二分之一或三分之一，這樣會從殘留的基部長出新的短枝，並萌生花芽。落葉樹修剪的適期是在冬季落葉期，常綠樹則適合在開花完之後立即修剪。

屬於這個類型的樹種	
	◆梅 ◆桃 ◆紫荊 ◆蠟梅 ◆山茱萸 ◆貼梗海棠 ◆雪柳

徒長枝的修剪
長枝若放任不管會無法開花，所以要在 12 月～ 1 月之間進行修剪。修剪時要盡量在外芽上方下刀。

梅的整枝
生長勢強的長枝不容易長花芽，在落葉時期要進行整枝，將枝條剪短二分之一，以促生短枝。

入門者 Q&A

Q 俗話說「剪櫻花的是笨蛋，不剪梅花的也是笨蛋」是什麼意思？

A 這句話是指櫻花和梅花的修剪方法是不一樣的。

相較於櫻花容易從粗枝的切口處開始腐爛，梅花則是不怕粗枝的修剪，為了調整樹形，修剪是不可或缺的作業。

梅的花後回剪
開花完之後，長枝要保留葉芽，在芽上方約 5mm 處下刀將長枝剪短。

關聯項目 園藝栽培曆 →P206 ～ 209

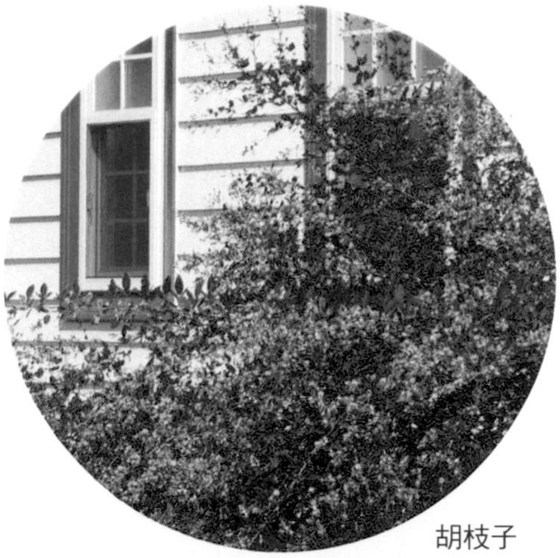

胡枝子

頂芽和側芽形成花芽，當年度開花的類型

著生於新梢的頂芽和側芽形成花芽，於當年度開花的類型。不管從哪個部位長出的枝條，只要是充實健康的新梢，前端或葉腋會長出花芽，不用等到明年，就會在冬天來臨之前開花，因此冬季時不會有花芽。

可在落葉期依據想要的外形和大小進行修剪。只要不是在新梢延伸生長的時期修剪，就不會不小心剪掉花芽。

屬於這個類型的樹種	◆木芙蓉　◆胡枝子　◆紫薇 ◆木槿　◆六道木

胡枝子的開花後修剪

開花完之後若放任枝條生長，會長得過高，並長出很多虛弱枝條，所以要在冬季從近地面處剪除。

花芽的生長位置

翌年開花的類型也是相同位置。

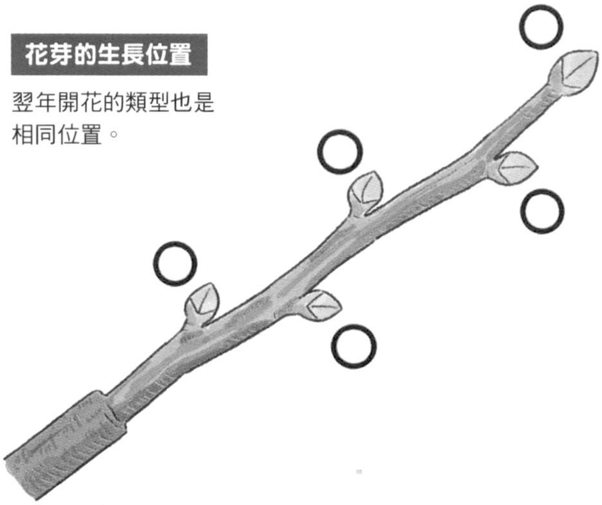

綠手指的小祕訣！

想在狹小庭院裡欣賞自然樹形的胡枝子

自然樹形的胡枝子能讓人欣賞到枝條優雅垂落的風情，但若放任不管會過於茂盛，若想讓植株變得小巧，可於每年冬季將地上部分剪除。庭園種植的胡枝子大多會在冬天枯萎，所以修剪主要是要處理這些枯萎的枝條。除此之外，在新梢生長的 5 月下旬，若從植株基部往上 20 公分左右的位置下刀剪除，雖會延遲開花，但是能抑制株高，維持低矮樹形。

胡枝子盆栽的修剪

盆栽的胡枝子，要在初夏進行修剪，抑制枝條過度生長，讓植株與盆器之間維持均衡的比例。

頂芽和側芽形成花芽，翌年開花的類型

這裡要介紹的是著生於新梢的頂芽和側芽會形成花芽，於翌年開花的類型。

這種類型大多是在夏季至秋季這段期間長花芽，若在冬季剪掉枝條前端或是進行修剪作業，翌年春天會無法開花。但是冬季時，肉眼就能確認是否有花芽長出，因此可針對沒長花芽的枝條進行修整。

若想維持小巧的樹形，可在開花完之後將新梢剪短。

屬於這個類型的樹種	◆繡球花　◆紫藤　◆牡丹 ◆紅七葉樹

繡球花

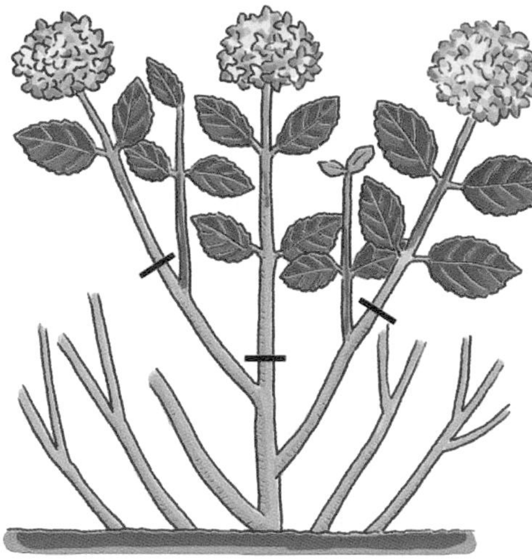

繡球花的開花後修剪

開花後的花朵會一直殘留，所以要將褪色的花連同往下一節枝條一併剪除，將枝條前端稍微剪短。

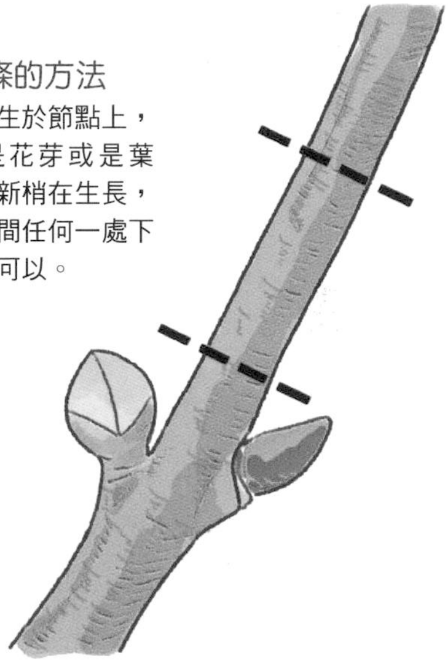

切除枝條的方法

若有芽著生於節點上，不管它是花芽或是葉芽，因為新梢在生長，因此在節間任何一處下刀修剪都可以。

讓繡球花樹形縮小的修剪

若想讓樹形縮小，在開花完之後立即將節點往上的枝條剪掉，到了秋天就會長出充實的芽。過度修剪經常會造成翌年無法開花，要特別注意。

繡球花的修剪

開花完之後只需剪短開過花的枝條，植株不會長得過大，就能每年都賞得到花。

關聯項目 園藝栽培曆 →P206～209

家庭果樹的修剪

包含果樹在內的植物，在植株還年輕時都會優先長枝葉，因此開花狀況不好，當然也無法結出果實。當植物成熟時，只要到了開花年齡，植株也長至適當大小，自然會開花、結果以繁衍後代，因此就算放任不管也會開花結果。

但是庭園栽種和盆植栽種的果樹，到了開花年齡時不可能被培育得很大。若想將果樹修剪成小巧樹形，並維持樹形，又要能結出果實，就必須跟花木一樣，要明確知道在哪個位置會長出何種花芽。

根據結果習性，可大致區分為，在新梢結果的果樹和在前年枝結果的果樹。一般而言，大多種類的果樹，其花芽會著生於充實的短枝上。所以修剪時要保留短枝，以促進結果。

開花方式、結果方式

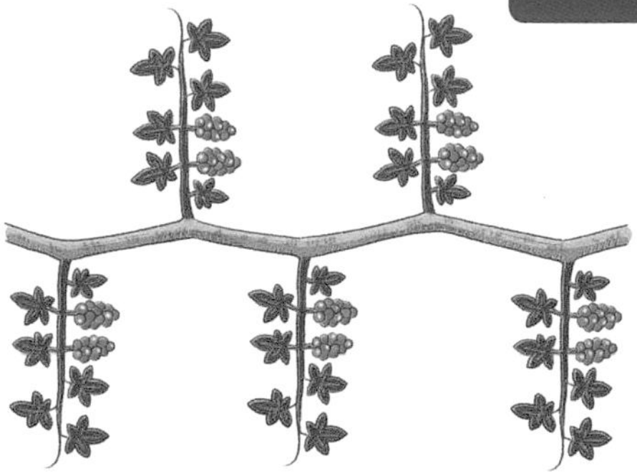

葡萄的開花方式和結果方式　翌春時，從前年枝上長出的新梢會從基部開出成串花序，所以想在冬天時剪短伸長的枝條也沒關係。

柿子的開花方式和結果方式
今年沒結果的 20 ～ 30cm 的枝條前端，會在翌年長出枝條，並於基部結果，因此在冬天時不要剪短伸長的枝條。而有結果的枝條則要在果實採收後切除。

柑橘類的開花方式和結果方式
翌春時，從前年枝上長出的新梢前端會開花結果，因此要好好照顧前年枝和新梢的前端，在冬季時不要將伸長的枝條剪短。

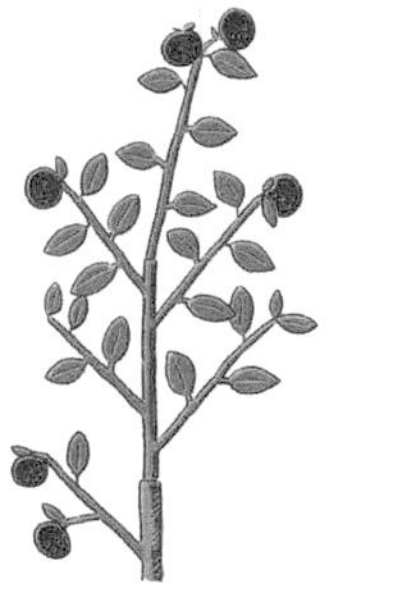

memo

果實生長的方式和特性稱之為結果習性。了解結果習性對於果實收獲是很重要的。

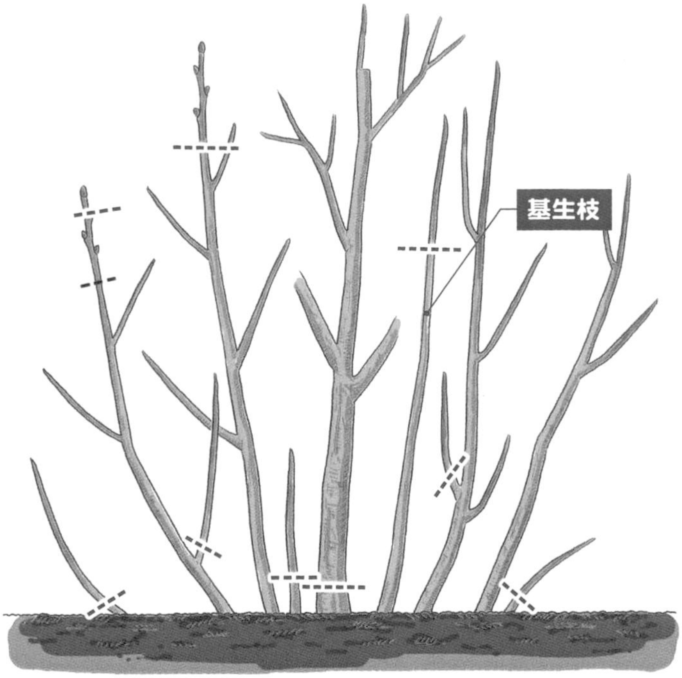

藍莓的修剪要點

修剪宜於 12 月～ 1 月進行。利用基部長出的新枝（基生枝），每 3 ～ 5 年進行一次植株更新。

藍莓

藍莓的冬季整枝和修剪

1 選在 12 ～ 1 月落葉後的休眠期進行修剪。疏除乾枯、分叉等不良枝條，以及樹冠內的細枝。

2 將細弱的基生枝、一年枝的基生枝和 4 ～ 5 年生的老枝從植株基部疏除，只留下約 4、5 根的粗枝。

3 用堆肥覆蓋植株基部、藉以防寒。

關聯項目 園藝栽培曆 →P206 ～ 209

各種造型修剪的方法

庭木的造型修剪可大致分為發揮樹形原有特色和表現人工造型美兩種風格。整枝修剪時，一方面保留樹木原始的特質和姿態，一方面配合庭院景觀，讓樹木展現出原生於山林的自然風貌，被稱之為「自然樹形」。

相對於自然樹形，「人工樹形」是指，為了讓花朵、綠葉、樹形等等更加美觀，依據個人喜好將樹木修剪成想要的形狀，有標準型、圓錐形、圓柱形、及圓形等。

為了塑造出想要的形狀，常需反覆地進行整枝或修剪等作業。將下枝剪除，上部修剪成圓形的標準型，是最簡單的一種修剪方法，且用花盆也能栽種，跟西式的庭園或住宅也很搭配。另外，也有將三株樹幹纏繞在一起成為一株的造型方式。

各種樹木造型

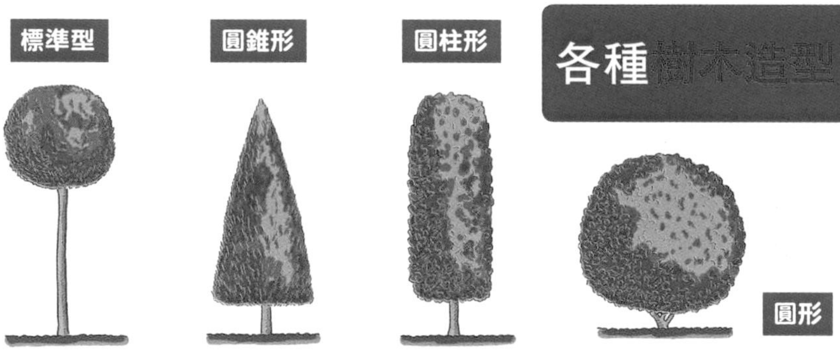

標準型的修剪法

標準型樹木無論從任何一個角度都能觀賞玩味。其維護訣竅是要每年修剪以保持樹形，頂部要強剪降低樹高，周圍則要輕剪。

適合標準型的樹種				
	◆月桂	◆茶梅	◆茶花	◆紅葉石楠
	◆齒葉冬青	◆針葉樹	◆木槿	
	◆扶桑花	◆玫瑰	◆楓	◆垂榕

針葉樹的標準型造型修剪
將下枝去除，並把直立樹幹前端的小枝修剪成球狀。

將三株扶桑花纏繞成一株標準型盆栽
將剪除過下枝的三株苗木的根團破壞弄碎，先把根部固定好，再將三根樹幹纏繞在一起種入盆器裡。纏繞時小心不要折到樹幹。

垂枝造型的修剪法

「垂枝性」係指最初往上生長延伸的枝條，最後因不耐負重而自然往下垂落的特性。它也算是自然樹形的一種。除了樹木之外，吊鐘花和球根秋海棠等草本植物也具有這種特性。

適合垂枝造型的樹種	◆梅　◆櫻　◆野茉莉　◆槐樹 ◆桃　◆柳　◆垂枝樺　◆楓

垂枝梅盆栽的造型修剪

1 開花完之後，將外芽以下的枝條剪去，讓芽能往外側生長開展，形成美麗的垂枝形狀。

2 往外翹的枝條，可綁繩子誘引，並將繩子固定在樹幹上。最好能讓主枝形成如傘狀般開展的形狀。

3 經過修剪和誘引的垂枝梅在夏天的模樣。

memo

梅花、櫻花和桃花都有垂枝性的品種。可利用它們來修剪造型，做成垂枝盆栽。

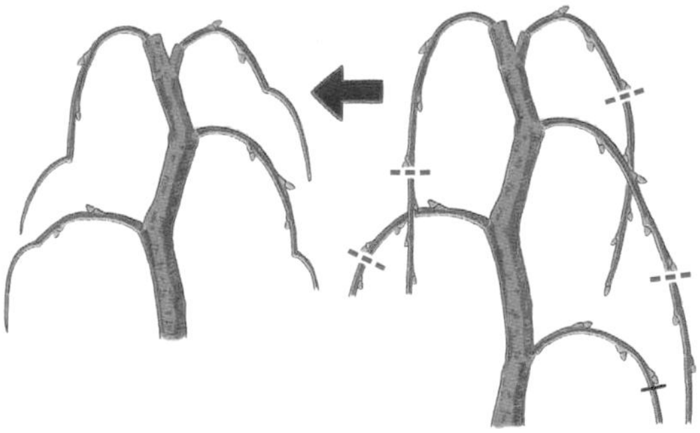

修剪的位置

修剪的下刀位置要在往外側生長的外芽前方，讓枝條爾後生長往下垂落時能形成如波浪般美麗弧線。

垂枝性枝條的修剪法

一般的枝條會有往樹幹方向生長的內芽，和往樹幹相反方向生長的外芽。修剪的方法跟一般枝條一樣，要在外芽的前方下刀。

關聯項目　澆水 →P72 ／夏季對策 →P184

綠雕與樹牆

不拘束於植物原來的模樣，將之修剪成動物、幾何等等喜歡的形狀，稱之為綠雕（Topiary）。從古羅馬時代就已經開始出現庭園裝飾。在日本喜歡將樹木剪成圓柱形或圓錐形，也屬於綠雕的一種。

因為綠雕是利用強剪或是誘引的方式進行造形修剪，所以最好使用能耐修剪，萌芽力強的樹種。

樹牆（Espalier）是樹木造型修剪的一種方式，在歐洲非常盛行。主要是讓果樹沿著或貼著壁面或圍籬，修剪成立體的造型。

果樹若將結果實的枝條水平誘引，會讓結果狀況變好，因此若將枝條橫向誘引，做成樹牆裝飾，也是不錯的一種栽培方法。

綠雕的做法

利用鐵絲框架進行造型雕塑，即使是盆栽植物也能簡單做造型，因此很受歡迎。放在日照良好的場所，樂趣橫生。框架可以買市售的，或是自己用鐵絲製作成喜歡的形狀。

適合造型雕塑的樹種	◆黃楊　◆齒葉冬青 ◆香冠柏等針葉樹 ◆紅豆杉　◆矮紅豆杉　◆刺格

利用市售造型框架進行綠雕

1

在薜荔的盆栽裡放入框架，讓蔓狀莖沿著鐵絲攀爬。

2

每當莖蔓伸長時要加以誘引，最後會佈滿框架，形成框架的造形。

紅豆杉的綠雕

紅豆杉的萌芽力強，所以能夠隨心所欲地修剪，想修剪成複雜的形狀也可以。

齒葉冬青的綠雕

雖然生長較慢但是體質強健，很能承受修剪，故適合用來做大型的綠雕。

3 到了第 2 年的春天，被誘引的側枝開花了。

4 將長得過高或長得過密的枝條修剪掉。用於誘引側枝的支柱可視栽種場所去決定設置的數量。

memo

因為是偏重平面空間的造型，深度不夠的庭院，可用這種方式來打造別具風格的盆栽。

關聯項目　修剪和疏枝 →P106

樹牆造型的做法

由於這種造型方式是讓所有枝條沿著平面生長，所以不佔空間，而且賞心悅目，即使小庭院也能享受造型的樂趣亦是其優點之一。甚至也可以用花盆等栽培容器栽種，打造出有如孔雀開屏般的扇形造型，又或是抑制橫向枝條生長，強調縱向發展等等造型。

適合樹牆造型的樹種	◆蘋果或梨　◆無花果 ◆葡萄　◆櫻桃　◆栗

蘋果樹的樹牆造型

1 苗木定植之後，地面往上 60 公分處左右，將發育最充實的芽上方的主枝切除。

2 一年後的冬天，設置水平延伸，用來誘引側枝的支柱或鐵絲，選擇橫向攀爬的枝條進行誘引。

綠籬的修剪

綠籬是自宅與鄰居或道路的交界線，利用植物所做成的籬笆圍牆，可保護隱私或是隔離噪音。修剪得整整齊齊的綠籬給人格調高雅的美感。

要維持稜線整齊的綠籬，必須適時地進行修剪。一般是在6～7月左右以及開始生長的晚秋時，一年修剪2次。會開花或結果的植物，若不知道花芽生長的時間，冒然進行修剪，會造成沒有花或果實可以觀賞，務必小心注意。

由於樹木具有上部枝條生長較好的特性，所以修剪時要特別針對上部進行強剪，讓整體呈現上面稍窄的梯形，比較能長時間維持綠籬的美觀。

除此之外，要從上往下修剪，比較不會破壞已修剪好的部分，之後的清掃也比較輕鬆。

修剪的重點

修剪成上部較窄，下部較寬的梯形，能抑制枝條徒長，也能防止枝條衰弱。

齒葉冬青的樹籬修剪

1 在綠籬兩端設立支柱，在上次修剪高度的位置拉一條水平細線做為參考標線。

2 先從上面開始修剪。較高的綠籬要站在梯子上，沿著水平細線，逐步將上部修剪成平面。

3 修剪表面。慣用手那側朝向綠籬，按照之前修剪的平面位置進行修剪。裡側也要修剪。

園藝知識補給站

絕不失敗 修枝剪的使用方法

要將綠籬的上面修剪成平面的話，拿剪刀時背面朝上，比較不會修剪過深，即使是新手也不用擔心。要修剪成球形或是在修剪垂直面時，刀刃要朝上（表面朝上），不要大動作修剪，用刀尖小幅移動修剪，會修剪得比較漂亮。

如果要修剪成平面，拿剪刀時背面朝上會比較安心。

如果要修剪成球形，拿剪刀時刀刃朝上會比較好。

4 修剪側面。將修枝剪的刀刃水平貼著修剪面，將其修剪成平面。

5 剪完之後，用竹掃把之類的工具將剪掉的枝葉從綠籬上掃落，並檢查是否有突出來的枝條。

6 將散落周圍的枝葉清掃乾淨。把面與面相交的角修剪成直角，讓綠籬的形狀更整齊漂亮。

memo

花木綠籬若在花芽萌發的前後進行強剪，可能會造成無花可賞，要特別小心。

關聯項目 修剪工具 →P20 ／修剪和疏枝 →P106

庭木的主要樹形

種在庭院等空間受限的樹木，必須藉由抑制樹木生長等手段，並配合週遭環境和用途去修整樹形。
樹形可分為以一根樹幹為主的單主幹樹形，和多根樹幹並立的多主幹樹形。要依據樹幹的狀態去決定樹形。
造型修剪雖然有分自然美和人工美等不同風格，但在為庭木造型時，發揮樹木本身的特色是很重要的一件事。

圓球樹形的杜鵑花
繁枝細葉的杜鵑花，是極耐修剪的植物，適合修剪成圓形。

多主幹樹形的櫸樹
以人工方式將原來的主幹從基部切掉，促使其長成多主幹樹形。若非寬敞的庭院，無法欣賞到它原來的樣貌。

筆直主幹圓冠散枝的喜瑪拉亞雪松
將筆直往上生長的主幹上所長出來的分枝修剪成圓形樹冠的造型。枝葉要經常修剪才能維持美麗的造型。

圓柱狀樹形的月桂
可以放在玄關等處，無論是西式或和式庭院都很適合的樹形。一年要修剪數次以維持樹形。

車輪造型的齒葉冬青
將樹形修剪成，沿著挺立的主幹，從頂上往下層層疊放的車輪的模樣。選擇細小枝條密生的樹種，一年修剪2～3次。

part 7

各季節的照料與管理

換盆的重點

想讓植物回春就要靠所謂的「換盆」作業。尤其盆栽植物因為根是在有限的空間裡延伸生長，約莫2年，根就會長滿整個盆中，這個情況就被稱為「盤根」。

一旦發生盤根，盆土的排水性和透氣性就會變差。植物的地上部分就會發育不良，更糟的狀況甚至會導致枯死。

為了不讓植物因為盤根而導致衰弱，原則上盆栽植物大概1~2年要換盆一次。除了可讓盆栽、庭園樹木和宿根草本植物等等壽命較長的植物回春之外，將透過播種或是扦插所培育出來的小苗，換盆重新種植也是屬於換盆作業的一種，被稱為新苗移植或是上盆。

該換盆的徵兆

可以從新芽或是葉片的色澤、大小和根部的延伸狀況等等去判斷是否需要換盆，建議在日間觀察植物較為清楚。

因為盤根和介質惡化的原故，澆水時，水分不容易滲透到土壤裡。

葉片變得枯黃，或是顏色變得斑駁。

盆土表面看得見根部，或是土質變硬，代表有盤根現象。

當植物長得過大時，跟盆器之間的比例會變得不平衡。

根部過度伸展，已從盆器底孔竄出來。

memo

迷迭香等等植物，若從莖部中間長出氣根，就是該換盆的徵兆。

換盆的方法

發生盤根現象的盆栽，要用新的盆器和用土重新種植。一般在移植時會換大一號的盆器，但如果不想換大盆，可以把地上部分和根部剪短，重新種植在相同尺寸的盆器裡。

移植到大一號的盆器

1 要將馬纓丹的整個根團從盆器裡拔出可能有點困難，可以用拳頭敲打盆器側面，手持植株基部將根團拔起來。

2 盡可能不要破壞根團，將植物移植至大一號的盆器裡。

移植到相同尺寸的盆器

1 將垂榕從盆器中拔出，破壞根團，將太長和太粗的根剪短。

2 將地上部分的枯枝以及枝條前端三分之一剪掉。

3 重新種植在相同尺寸的盆器裡。

關聯項目 育苗中的管理 →P119／幼苗移植 →P140

宿根草本植物的移植

在庭院裡種了好幾年供觀賞用的宿根草本植物，當植株變得過大時，雖然芽的數量增加，但大多數的芽都很貧弱，開花狀況也變得很差。除此之外，由於葉片過於茂盛，導致通風不良，過於悶熱也使植株變得容易受到病蟲害的侵襲。

因此，若發生植株老化，生長不良的情況，可以進行分株，移植到別的場所，也是讓植株回春的一個方法。初夏之後開花的品種通常是在春天進行移植，早春至春季開花的品種則是秋天，請在適合的時期進行移植。

除此之外，在進行分株時，不要使用剪刀，以避免成為病毒性疾病等病害的傳染媒介，若遇到無法用手分株的植株，請用消毒過的乾淨刀具進行分株。

宿根盆花的移植

宿根盆花可在開花完之後馬上或是在初春進行移植。在移植時，把變黑腐爛或是老化的根去除，只留下健康白色的根。移植之後到成活之前，要放在明亮的日陰處進行管理。

移植到大一號的盆器

1 將密密麻麻糾結成團的根系用叉子等工具疏開，把根團硬掉的部分弄鬆。

2 在大一號的盆器裡填入用土，將植株放在盆器中央。

3 在植株周圍填入用土。用竹筷插動，讓用土填滿根的空隙。

園藝知識補給站

為何要移植到大一號的盆器裡？

根部碰到盆壁時會分枝生長，若一下子就用大盆器種植，在根部開始在盆內繞圈之前，地上部分會持續發育，導致植株不容易長花芽。另外，用土一直呈現潮濕狀態，也是造成根腐病的原因之一。
移植的時候，要選比目前使用的還要大一號的盆器，大二號是最大限度。配合植物的生長，逐步更換較大的盆器是移植的基本重點。

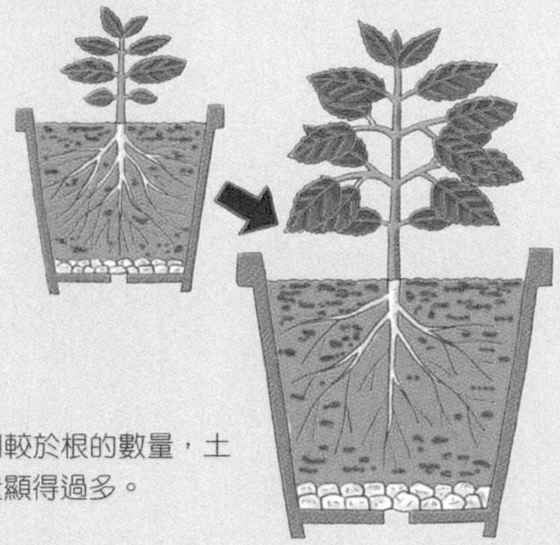

相較於根的數量，土量顯得過多。

庭植宿根草本植物的照料

庭園栽種的宿根草本植物在原地種植了 3 ～ 5 年，長成大型植株之後，應該要進行移植。沒有進行移植作業的那一年要在開始發育的早春和地上部分開始枯萎之前的秋天時，在植株基部施放緩效性化成肥料。

5 藍菊屬於生長旺盛的植物，若能每年移植會讓花開得更好。

4 地上部分的修剪，要配合根部修剪的程度，以達到均衡。

關聯項目 分株 →P126 ～ 129

洋蘭的移植

蘭科生長遍及溫帶至熱帶地區，這當中能開出美麗花朵，具高觀賞價值的被稱為「洋蘭」。

洋蘭定植之後經過2年，種植材料變得老舊，植株的生長也超出盆外，若有這類的狀況就是該移植的時候了。若因為過度給水或施肥造成根部開始有受傷的現象，即使未滿2年也應該立即移植。

最適合移植的時期是剛開始長新芽的春天，避免在氣溫低的冬天和盛夏。移植時，植株和盆器之間比例的平衡是很重要的，用太大的盆器，容易使盆內經常處於潮濕狀態，是造成根腐病的原因。根部用水苔包覆，剛剛好能放入盆器，就是適合生長的盆器尺寸。

洋蘭的移植

1 用消毒過的剪刀，將植株分成三個球莖為一株的分株。

嘉德麗雅蘭的移植重點

若球莖被分得太小的話，可能會數年不開花，所以分株時一株最好要有3、4個球莖，並且在春天移植會比較好。若太晚移植，可能會造成生長不良，要特別注意。新芽生長的方向要留適度空間，且不要深植是很重要的一件事。

2 將腐爛的水苔和受傷的根部用鑷子去除。

3 根部用水苔緊密包覆，放入3.5號的素燒盆裡並填滿空隙，同時立一根支柱。

memo

能用來點綴室內，增添華貴氣息的洋蘭，若沒有定期植移，會無法開出令人期待的美麗花朵。

虎頭蘭的移植重點

根系擴展超出盆器邊緣，新芽也無處生長的時候，就需在春天時進行移植。為了避免植株在移植時受傷，不要過度分株，分成適合種植到大一號盆器裡的程度即可。

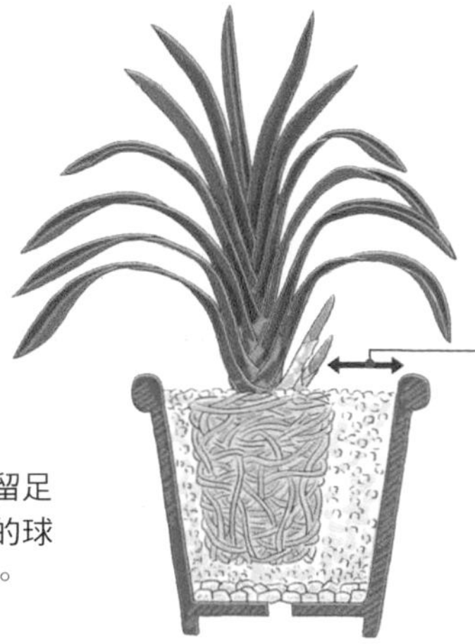

植入盆器的重點
為了在新芽側邊保留足夠空間，要將較老的球莖朝向並靠近盆壁。

移植到大一號的盆器

1 因為根部糾結在一起的關係，用木槌敲打盆器周圍數次，將植株拔出來。

2 若根部無法完全放入新盆器的話，可以切除根團下部，調整至能放入新盆器的大小。

3 種植時在新芽生長的方向保留足夠空間，填入混合栽培材料，並用細棒子插動，讓栽培材料填滿空隙。

4 最後再大量澆水。

關聯項目 繁殖方法→P150／夏季的管理→P180

盆栽花木換盆和庭園樹的移植

盆栽花木換盆，或是庭園樹有需要移植時，因為需要切除部分根部，若選在樹木狀況不佳時進行，需要較長的時間才能恢復正常生長。年輕苗木通常恢復很快，若是大樹，恢復期甚至需要超過十年，這點差異也請了解。

移植的時期與定植的適期是一樣的，要避開新芽萌發、生長的4～5月的時間。若是落葉樹，隆冬除外，在2月下旬～3月上旬新芽萌發之前進行比較適合。若是常綠樹，隆冬除外，在變溫暖的3月下旬～9月下旬（4～5月中旬除外）這段期間是種植和移植的適期。

另外，種植超過三年以上的樹木，要先進行斷根和養根，促使根部長出細根之後再進行移植會比較保險。

移植準備工作（斷根）

小型樹木

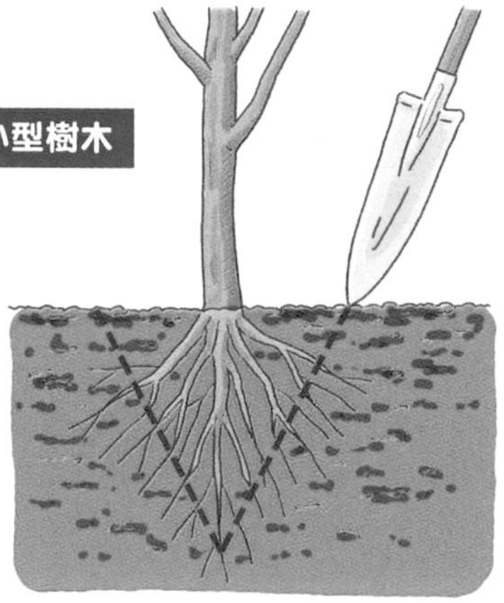

小型樹木只需將根部末端切斷即可。

大型樹木

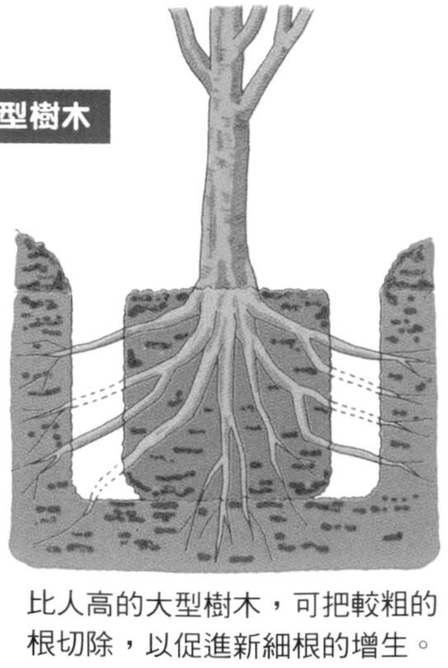

比人高的大型樹木，可把較粗的根切除，以促進新細根的增生。

斷根作業的方法

樹幹若直徑在 5 公分以下，可以直接種植，不需要進行斷根作業，但種植多年的樹木，要切掉幾根較粗的根，使其長出新細根之後再進行移植。斷根作業必須在移植前半年至一年就要開始進行。

超過 2 ～ 3 公尺或是較珍貴的庭木，要事先進行斷根作業，讓細根長出來之後再進行移植，能夠減低移植時造成的傷害，也能提高移植後的成活機率。

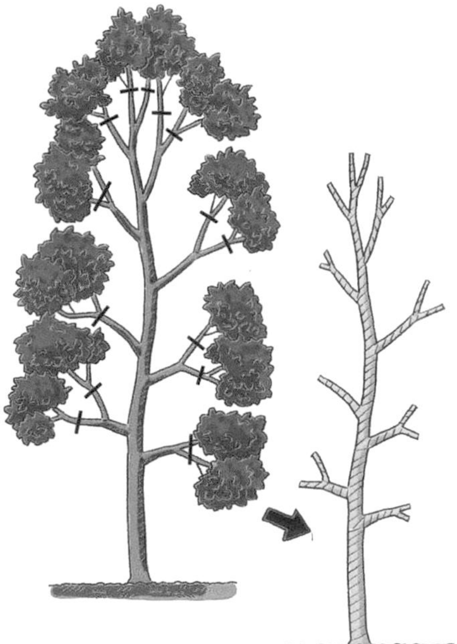

常綠闊葉樹的移植

樹高 2 公尺以上的大型樹木，要剪除枝葉，並用纏樹幹專用的膠帶將樹幹纏繞包覆起來予以保護。

盆栽花木的換盆

盆栽放了幾年之後，枝葉會變得貧弱，開花狀況也會變得不好。生長旺盛的品種要 2 年換盆一次。花木大多數是在開花後馬上進行換盆。

迷你玫瑰

迷你玫瑰的換盆

1 事先完成冬季修剪作業，將植株從盆器內拔出。

2 把老舊的土弄掉，把變黑或是較長的根剪短。

3 選大一號的盆器，盆土與盆緣之間保留容水空間，用竹筷插動盆土，將植株埋入。

4 為了防止乾燥，可鋪上樹皮碎片。

5 附上品名標籤，澆大量的水。

關聯項目 中耕→P94／培土→P100

夏季的對策與管理

從梅雨季節到盛夏這段期間，對植物而言是嚴酷的季節。在濕度高的梅雨季裡，因為悶熱潮濕很容易發生病蟲害，加上盆土不容易乾所導致的根腐病，都會影響到植株的健康。好不容易渡過了梅雨季，一下子又轉變成強烈日照的氣候，使植物面臨嚴酷的環境變化考驗。

尤其是原生於歐洲或是南非的植物，特別不喜歡高溫多濕的氣候。日照不足導致植株徒長，因為不耐高溫和陽光直射，在盛夏來臨之前，為了避免悶熱潮濕或是防止倒伏，也有人會在梅雨季節修剪草花。

植物的管理在嚴熱的夏天往往比在寒冷的冬天還要困難，若能平安地渡過夏天，通常之後就能順利生長發育。

颱風對策

颱風帶來的強風豪雨對植物會造成相當大的損害。除了陽台和庭院之外，包括田地裡的果菜類都要用支柱牢牢固定好，葉子部分用防寒紗覆蓋，避免被風吹動搖晃。要多注意天氣預報，事先做好防颱對策。

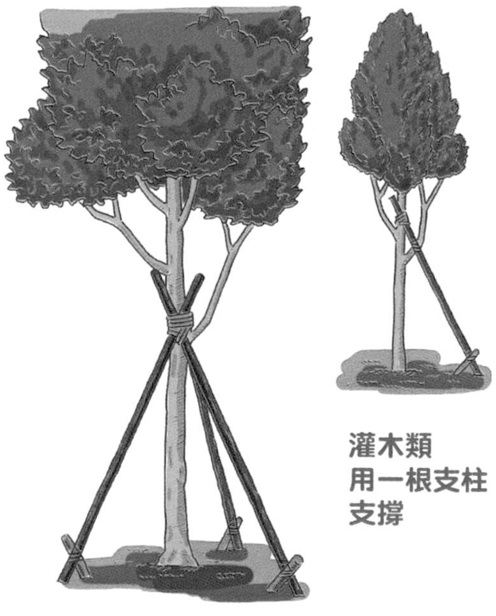
喬木類用三根支柱支撐

避免強風侵害的方法

除了保護植物免受強風豪雨侵襲，預先做好準備，避免吊盆掉落等等意外事故發生也是很重要的事。

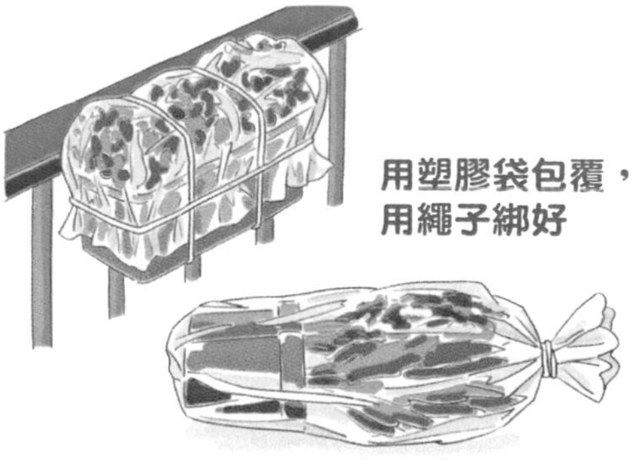

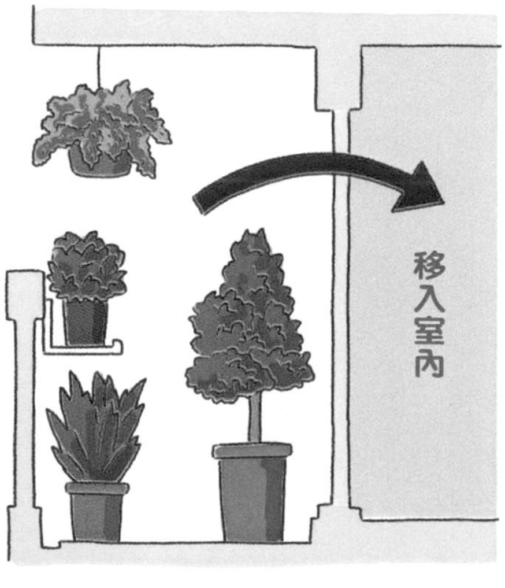

回剪以防止潮濕悶熱

若整個植株過於緊密，會因潮濕悶熱而容易產生根腐病，對植株進行回剪可以防止潮濕悶熱。

梅雨對策

梅雨季節高溫多濕，植物除了容易潮濕悶熱，還會因日照不足而徒長，導致枝葉生長變得凌亂，予以修剪可以避免潮濕悶熱。另外，為了避免長期下雨所導致的根腐病，要將植物移至陽台或是屋簷下等等不會淋到雨的地方。

回剪後的處理

1

經過回剪的大麗菊，莖部產生空洞，若置之不理，會因下雨積水而腐爛。

2

為了不讓莖的內部積雨水，用鋁箔紙將切口包覆起來。

保持通風良好

不要將盆器直接放在陽台或是庭院裡，利用盆腳之類的東西將盆器底部墊高，會讓通風變好。

把花盆托盤拿掉

梅雨季節時，花盆托盤容易積水，是根腐病發生的原因之一。把托盤拿掉，直接置放會比較好。

memo

矮牽牛花若淋雨會造成花瓣損傷，可將之吊在樹下之類的地方，保護它不受長期下雨的傷害。

盆花不要淋到雨

開花中的盆花要移進陽台或是屋簷下。

關聯項目 回剪 →P92／設立支柱 →P102～105

採用雙層盆器

把盆器整個放入另一個大二號的盆器裡。在空隙填入輕土或砂之類的用土，利用雙層盆器降低溫度並防止乾燥。

利用雜草進行護根覆蓋

用割下來的雜草覆蓋於植株基部，加以防護，具有阻隔夏日陽光的效果。

防暑對策

一般來說，氣溫若超過 30℃，會容易傷害到植物，並抑制其生長。尤其是盆栽植物，因土量較少，盆內溫度上升便會使根部受損。可利用雙層盆器或是灑水的方式抑制盆土溫度上升的速度。

用鋁箔紙包覆盆器

用鋁箔紙包在塑膠盆器外面，可以反射光線，減緩盆土溫度的上升。

園藝知識補給站

能耐夏熱的植物有哪些？

有的植物在夏季容易損傷，不喜高溫多濕，但另一方面也有在盛夏仍充滿活力，開花良好的植物，像是向日葵、美人蕉、雞冠花、牽牛花、松葉牡丹、馬齒牡丹、馬纓丹等等原產於南美洲、印度或是印尼的植物，或是日本也有分佈的鬼百合。選擇能耐夏季暑氣的植物來栽培，就能省去越夏管理的工夫了。

鬼百合

馬纓丹

牽牛花

用遮光網覆蓋

在植物上方距離一定高度的位置架設遮光網覆蓋其上，能防日曬，亦能增加通風效果。

防日曬對策

過度的光線照射會引起葉燒現象，特別是生長在林地的山野草、洋蘭或是葉片有斑紋的植物，遇到強烈光線照射，葉片會變成茶褐色。受傷的葉片會無法復原，也會影響到之後的生長發育。所以建議使用遮光網等防曬工具遮擋夏季的強烈日曬。

利用遮陽棚

利用遮光率 50% 的遮光網搭一個遮陽棚，替植物阻隔午後西曬的直接照射。

利用樹蔭

不喜強烈光線的植物，可以吊在樹下，除了能遮蔽日光，也具有降溫的效果。

需要遮陽的植物

受到盛夏強烈陽光照射會引起葉燒現象。葉燒對葉片的傷害是無法回復的，同時也會讓其生長變差，因此，容易受傷的植物務必要做好遮陽作業。

彩葉芋

彩葉草

吊鐘花

新幾內亞鳳仙花

關聯項目 冬季的管理 →P186 ～ 192

自己製作底面吸水盆

用不織布等吸水性佳的布插入盆器底孔裡，另一頭垂放於水中，就成了簡單的底面吸水盆。

1 把根團拔出來，放入不織布。

2 將盆器放在裝有水的容器上面，將不織布垂入水中。

無人在家時的澆水法

夏季時每天都要澆水，因為旅行或其它事而無人在家時，必須想好如何讓植物確實獲得水分的對策。若是短期，簡易方法是在出門前大量澆水，將盆器並排放入裝水的育苗箱裡，置於日陰處。因應對策會因外出天數和盆栽數目而有所差異。

將盆器放入裝水的淺容器內

在育苗箱裡鋪上塑膠布，加水至3～4公分高，放入盆器，置於日陰處。

底面吸水盆

有一種盆器的構造是從底部吸水。水槽裡事先裝好水，從吸水孔將水注入，利用毛細現象從下面把水吸上去。

剪枝修整之後移植至大盆

像飛蓬屬這類耐修剪的植物，可以剪枝修整之後移植至大盆，澆大量的水讓盆土不容易乾燥。

利用市售的吸水器具 ①

可將運用毛細現象原理的市售吸水器具，搭配保特瓶一起使用。記得將裝水的保特瓶放在比盆器更高一點的位置。

利用市售的吸水器具 ②

同樣是利用市售的吸水器具，將塑膠管的一頭插入盆土，另一頭放入裝水容器的底部。

在盆土的表面鋪水苔

深度比較淺的盆器，可以在盆土的表面鋪水苔，再澆大量的水，可以防止水分蒸發。

關聯項目 栽培容器 →P26

冬季的對策與管理

註 若栽培環境冬季沒有霜雪，則可以省略。

植物的耐寒性會因原產地不同而有所差異。以歐石楠和薰衣草為例，就因原產地的不同，而有耐寒的品種和不耐寒的品種。

一般而言，生長於熱帶至亞熱帶氣候區的植物，比較不耐寒，若置於低溫環境，可能會腐爛枯萎，必要時最好移至室內以避免寒害。

即使是比較耐寒的植物，若受乾燥的寒風吹襲，枝葉也會從受傷的枝條末端開始逐漸枯萎。移至日照良好的屋簷下，或是用不織布、防寒紗從基部將整個植株覆蓋起來，保護植物不受寒風和霜雪的侵害。另外，冬季的時候，植物的生長會變得遲緩，所以要控制給水，但是置於溫暖室內的盆花等植物，要在上午大量給水。

田地的防寒對策

假如栽培的環境會降霜雪，田地中可使用 PVC 材質或是 PE 材質的塑膠布做成隧道棚進行覆蓋，或是採取浮動式覆蓋，用防寒紗或不織布，直接覆蓋在整個植地上。若是隧道式覆蓋和浮動式覆蓋兩種方法併用的話，保溫效果會更好，即使在寒冷時期也能播種。

利用塑膠布隧道棚

從晚秋到翌春之間若要種植蔬菜類，可用塑膠布架設隧道棚來防寒，也可以防止鳥類和蟲類的食害。

利用防寒紗或不織布進行浮動式覆蓋

利用防寒紗或不織布，不設支柱，直接覆蓋在整個植地上進行防寒（浮動式覆蓋），兼具有防乾燥、防鳥類、防害蟲等等效果。

利用棕櫚葉

將棕櫚葉或是小竹子插在植地的北側，其葉子能適度地遮擋寒風，若能在上面覆蓋塑膠布，效果會更好。

memo

蘇鐵可用草席或稻草纏繞捆綁來加以防寒，外觀也很好看。

保特瓶的利用

這是針對苗的防寒對策。為了保持良好的透氣性，瓶子下方務必要開洞。為了避免寒風進入，洞口要朝向南方。

庭院的防寒對策

即使是像三色堇、葉牡丹之類具耐寒性的植物，若直接受寒風或霜雪吹襲，葉片或花朵也會受傷。用防寒紗、不織布或是塑膠布等等資材直接覆蓋植物的浮動式覆蓋法或是做成隧道棚的隧道式覆蓋法，都能達到防寒的效果。另外，用落葉或是稻草覆蓋於地面（護根覆蓋）也是一種防寒方法。

用塑膠布隧道棚覆蓋

春季花圃的苗買來之後，到種植的適期來臨之前，可置於塑膠布隧道棚裡防寒。隧道棚內的溫度較高，所以白天的時候，下擺的部分最好要打開。

埋在樹下

將整個盆器埋在日照良好的樹下，可以防霜和防乾燥。

避免球根凍結

為了避免大麗花或美人蕉等植物因土壤凍結而導致球根受傷，可以把土堆高，同時用黑色塑膠布覆蓋。

利用落葉

晚秋種植、到了冬天根部尚未完全伸展的苗，可在地面鋪滿一層厚厚的落葉（護根覆蓋），可以防止乾燥或是結霜柱。

關聯項目 病蟲害 →P199

室內的防寒對策

洋蘭或觀葉植物、熱帶花木、西洋杜鵑、仙客來、瓜葉菊、長壽花等等，請移至室內日照良好的地方越冬。假如室內會放暖氣，請避免放在會直接吹到熱風，或是日夜溫差大的地方。

放入透明容器，置於窗邊

將迷你嘉德麗雅蘭之類的植物放入具保溫效果的透明容器，置於窗邊，就能達到無加溫溫室的效果。

放在日照良好的窗邊

到晚秋之前雖然放在室外，但到了冬天要移至室內，放在有窗簾隔著，日照良好的窗邊。

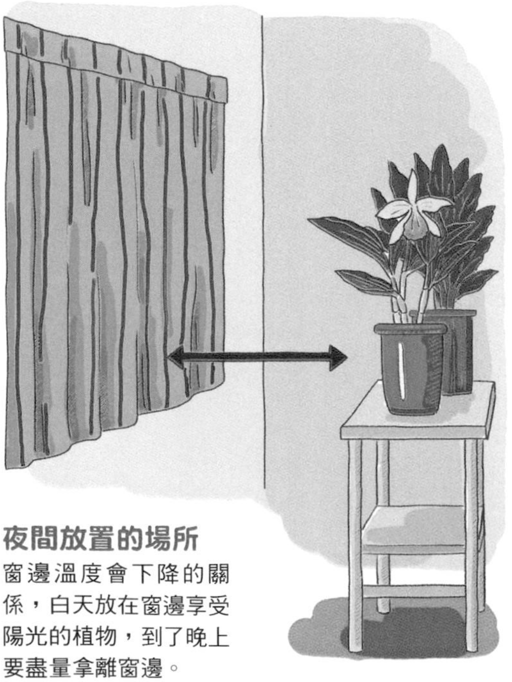

夜間放置的場所

窗邊溫度會下降的關係，白天放在窗邊享受陽光的植物，到了晚上要盡量拿離窗邊。

綠手指的小祕訣！

有需要保持低溫環境的植物嗎？

鬱金香或風信子等球根植物，或是秋播草花、菊花等等宿根性草本植物，若沒有歷經一定期間的冬寒，即使到了春天也不會開花。

水栽培的球根植物，不要太早拿進室內是很重要的事。

風信子的水栽培

洋蘭的保溫
白天置於窗邊接受日照，夜間因為窗邊溫度會驟降，所以要移至房間中央的桌上。

觀葉植物用噴霧方式給水
暖氣開著的室內容易過度乾燥，要不時用噴霧瓶向葉面噴灑水分（噴霧給水）。

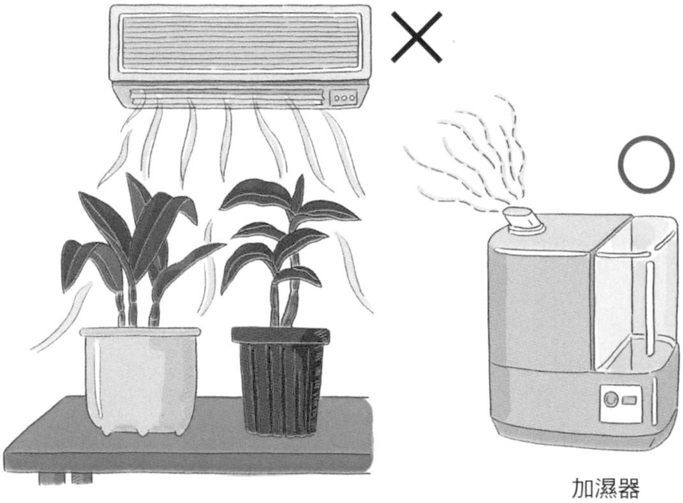

加濕器

防止乾燥
不要讓空調或是電暖氣的熱風直接吹到植物。除此之外，也可藉助加濕器等等來防止乾燥。

因為直接受空調暖氣的吹襲，導致葉片皺縮的鳳尾蕨。

冬季的給水

管理上要控制給水，保持稍微乾燥的狀態，因為根團水分含量較少，比較能夠耐寒。不讓根團處於潮濕狀態，是讓植物順利越冬的訣竅。另一個訣竅是，事先汲水，放置一會兒，等水溫稍微變高之後再給水。

用手指確認
置於室內的盆花，將手指第一個關節插入土內，確認土中的濕氣之後，再進行給水。

關聯項目 給水 →P73

要時常讓植物享受日光浴
移至室內的植物，在暖和無風的白天時，要拿至陽台或露台，讓它們享受日光浴並給水。

利用塑膠布溫室
可保護植物不受寒並防止乾燥。白天時要打開通風，到了晚上別忘了要蓋好。

陽台的防寒對策

朝南的陽台因為不會受到風霜吹襲，所以對大多數的植物而言，只要簡單的防寒就能越冬。但若是高樓層，因為風勢較強，容易變得乾燥，所以不耐寒的植物最好移至室內比較保險。

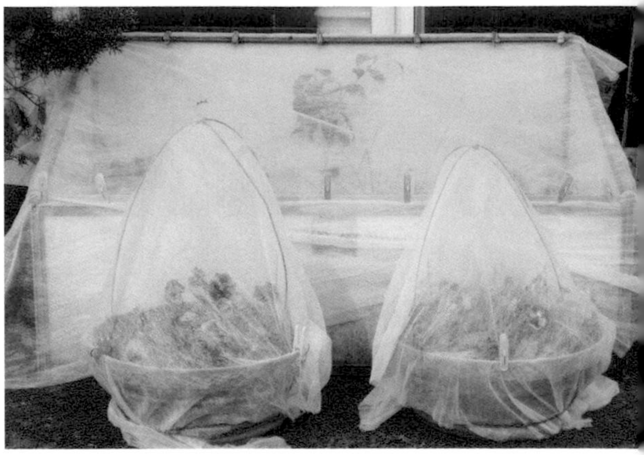

將溫床或是盆器用不織布包覆
不織布具透氣性和透水性，給水時也不用打開，直接澆水即可。

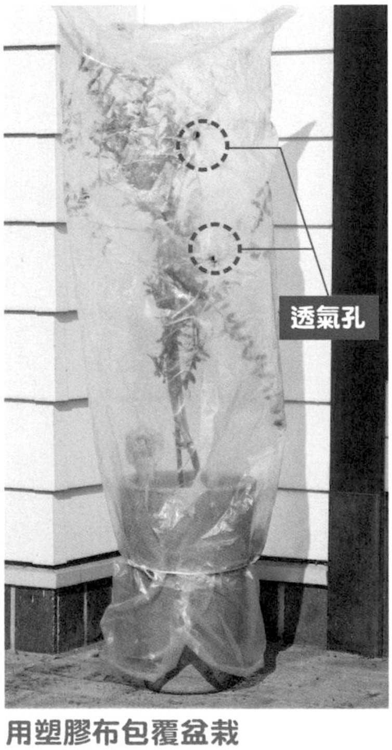

用塑膠布包覆盆栽
白天和夜間溫差大，若是用塑膠布包覆的話，要開幾個透氣孔。

確保日照的準備工夫

若陽台周圍都是牆壁，沒有欄杆讓陽光穿透進來，可將花盆擺在花架或花臺最上層，讓它們接受日照。

作好防寒、防風工作

用塑膠薄膜鋪滿陽台欄杆，具有防風、防寒效果。

觀賞鳳梨的家族成員—擎天鳳梨

耐寒性的標準

耐寒程度會因植物種類而有所差異。依據住宅構造的不同，室內或陽台的環境也會不一樣，所以要記錄各個區域的最低溫度。或許會意外發現到適合置放的場所。

最低溫度要在5～6°C以上的植物	◆觀賞鳳梨 ◆榕 ◆朱蕉 ◆鯨魚花 ◆文心蘭 ◆四季秋海棠 ◆彩葉草 ◆瓜葉菊 ◆小蒼蘭 ◆木春菊
最低溫度要在3°C以上的植物	◆鐵線蕨 ◆武竹 ◆蘆薈 ◆萬年青 ◆吊蘭 ◆虎頭蘭 ◆石斛蘭 ◆紫錦草 ◆觀音棕竹 ◆袖珍椰子 ◆黃金葛 ◆露薇花

鐵線蕨

關聯項目 夏季的管理→P182／病蟲害→P199

綠手指的小祕訣！

在不結冰的屋簷下能開花的草花有哪些？

有些半耐寒性草花，只要盆土不結凍，置於不受寒風或霜雪直接吹襲的屋簷下或陽台也能開花。若看到天氣預報會有寒流來，只要事先用不織布覆蓋好，即使在冬天也能賞花。

金盞花（別名：不知冬）

香雪球

原產於南非的歐石楠

藍眼菊

雪花蔓

part 8

病蟲害的預防與對策

病蟲害的檢視要點

為了讓悉心照料的植物免於病蟲害的侵害，要觀察並勤於檢視植物的狀況，若能早期發現，就能防止病蟲害的擴大。雖然病蟲害的種類和症狀有很多，但是病蟲害的檢視要點是相同的。平時就要仔細觀察葉片背面等處，不要遺漏植物透露出來的蛛絲馬跡。

一旦發現任何徵兆，就要判斷是蟲害還是病害造成的。疾病和害蟲的防治方法是不一樣的，藥劑也不相同。若能知道是疾病還是害蟲造成的，就能針對原因做防治，將損害控制到最小程度。

除此之外，再多注意日照和通風，給予適量的水分和肥料，讓植物順利健康地成長。

害蟲的檢視

害蟲可大略分為會啃食植物的莖、葉或根的「食害性害蟲」和吸食植物汁液的「吸汁性害蟲」兩種。
首先要先知道是哪種害蟲。從受害的部位和受害的症狀可判別是什麼害蟲。害蟲經常會在葉片背面，所以要仔細地檢查。

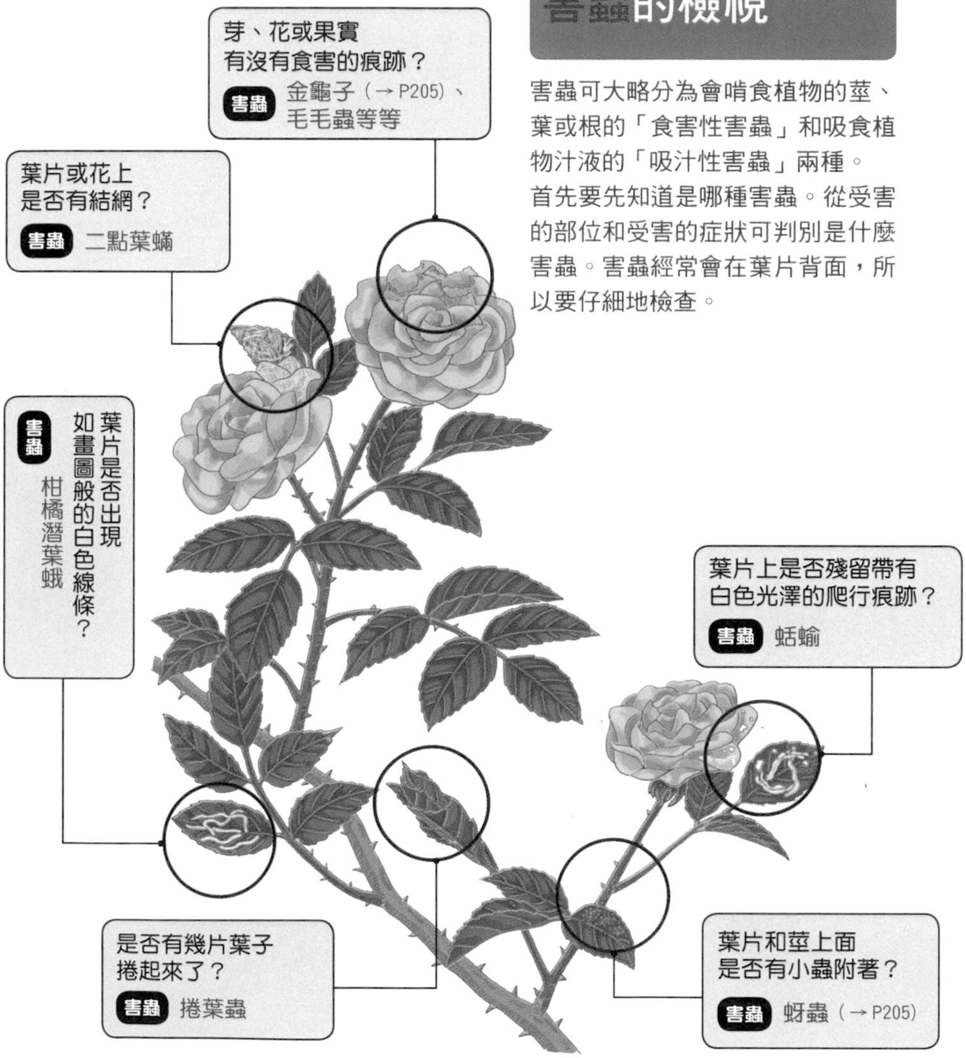
芽、花或果實
有沒有食害的痕跡？
害蟲 金龜子（→ P205）、
毛毛蟲等等
葉片或花上
是否有結網？
害蟲 二點葉蟎
葉片是否出現
如畫圖般的白色線條？
害蟲 柑橘潛葉蛾
葉片上是否殘留帶有
白色光澤的爬行痕跡？
害蟲 蛞蝓
是否有幾片葉子
捲起來了？
害蟲 捲葉蟲
葉片和莖上面
是否有小蟲附著？
害蟲 蚜蟲（→ P205）

疾病的檢視

植物會因感染黴菌、細菌或是病毒而生病。植物生病的話，生長就會異常，嚴重的會導致枯死。通常會注意到生病，都是已經發生肉眼可見的症狀，植物若處於虛弱狀態會容易生病，所以想讓植物免於病害，平時就必須做好植物的健康管理。

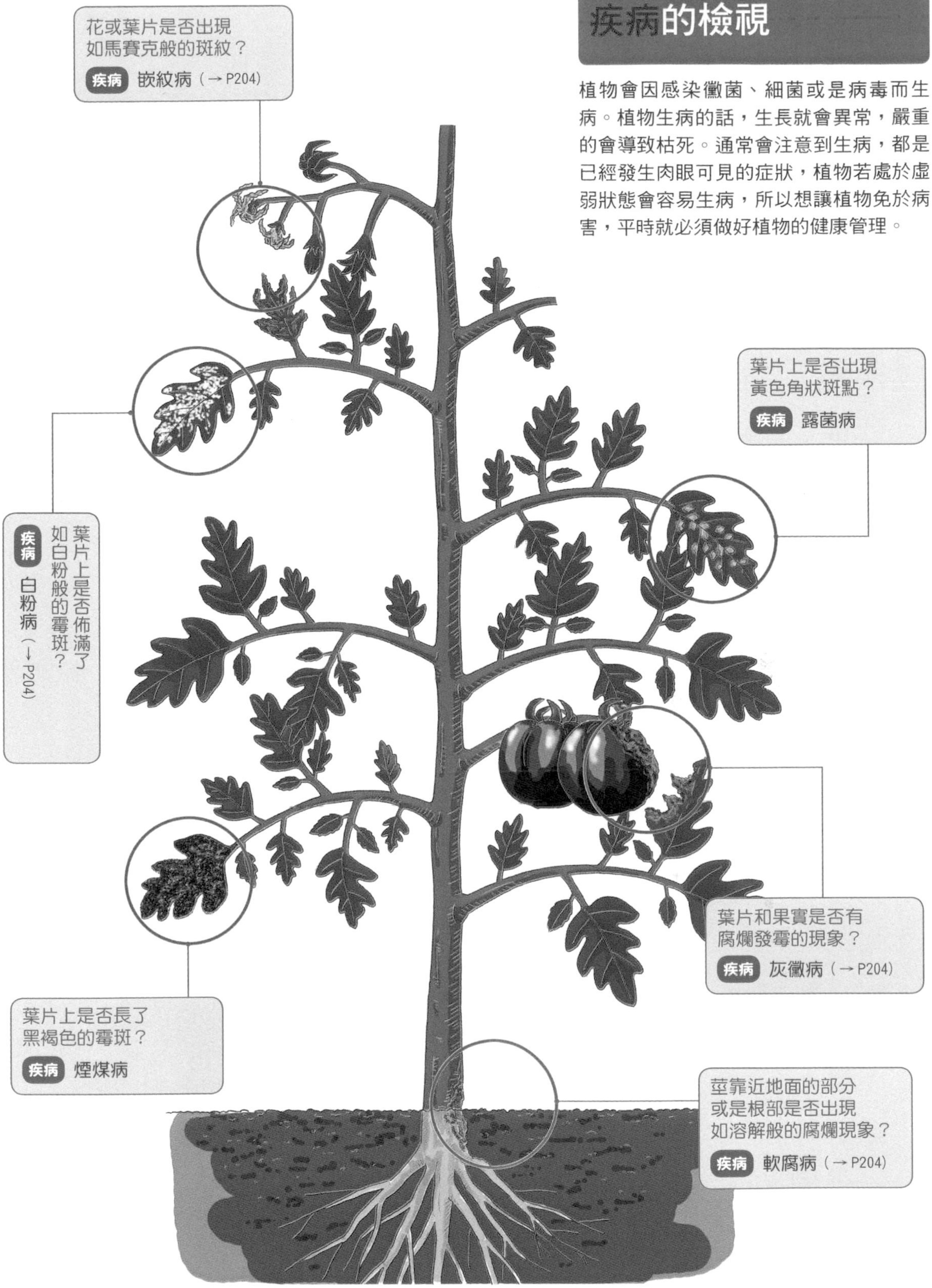
花或葉片是否出現
如馬賽克般的斑紋？
疾病 嵌紋病（→P204）
葉片上是否出現
黃色角狀斑點？
疾病 露菌病
葉片上是否佈滿了
如白粉般的霉斑？
疾病 白粉病（→P204）
葉片和果實是否有
腐爛發霉的現象？
疾病 灰黴病（→P204）
葉片上是否長了
黑褐色的霉斑？
疾病 煙煤病
莖靠近地面的部分
或是根部是否出現
如溶解般的腐爛現象？
疾病 軟腐病（→P204）

關聯項目 健康檢查→P70／開花後修剪→P90

病蟲害的預防與對策

有些害蟲會成為疾病的媒介，所以有時防治害蟲，也能達到防治疾病的效果。久雨所導致的日照不足或是高溫多濕等因素，會形成適合病原菌繁殖的環境，養分不足或過量導致植物變得虛弱，這些都是植物致病的原因。最重要的基本之道就是要營造讓病蟲害遠離的環境。因此，要配合栽培的土地去栽種植物，讓植物能健康成長。

選擇能耐病蟲害的品種或嫁接苗，採取輪作以避免連作障礙，藉由整土讓土壤不容易產生病蟲害，同時也要注意肥料和給水，以培育出健康的植株。

每日勤於觀察，只要發現疾病的徵兆或是害蟲的食害痕跡，就馬上進行驅除作業。

植株之間應間隔一定距離

密植會造成幼苗軟弱，容易發生病蟲害。

不要將盆器置於地面

為了防止害蟲侵入，不要將盆器直接置於地面。

memo

為了避免病害，種植馬鈴薯時要使用檢查合格的種薯來繁殖。

準備健康的球根和種子

球根如果長黴菌、受傷或是長病斑，就不適合拿來栽培了。種子也要選擇新鮮的。

勤於進行開花後修剪

開完花的花梗或是枯萎的葉片，容易造成病害，要勤於摘除。尤其是梅雨季節更要特別注意。

採取正確的肥培管理

氮含量過多會造成植物生長軟弱，對害蟲和疾病的抵抗力變差，所以要正確地施放適宜的肥料。

樹木類要疏枝葉

適度的整枝、修剪，讓採光和通風變好，不會變得潮濕悶熱。

勤於除草

為了防止病蟲害發生，田地或花圃一定要除草，盆栽裡的雜草也要經常拔除。

用樹皮碎片進行護根覆蓋

樹皮碎片能防止下雨時泥水飛濺（感染疾病的原因之一），也能防土壤乾燥。

關聯項目 健康培育的訣竅 →P70～89

不使用藥劑的防治法

病蟲害對策有分不使用藥劑防治法和散布藥劑防治法兩種。重複地使用藥劑，有時沒消滅害蟲，反而殺死了益蟲。利用天敵來抑制害蟲的數量也是一種防治方法。

另外，可利用防寒紗、銀色塑膠布、有色黏紙等等資材，或是借助植物的力量，例如萬壽菊、燕麥、大蒜、蔥等所謂的「拮抗植物」，亦或是利用類似金蓮花、白三葉草等等所謂的「誘引植物」吸引特定的害蟲靠近，讓害蟲遠離作物，以上這些方法都能達到防治的效果。

再者，若發現受害部位，害蟲一定在附近棲息，請耐心地尋找並將之捕殺。

環保防治法

創造害蟲不易存在的環境是很重要的。就家庭園藝而言，盡量不要依賴藥劑，最好能利用防寒紗或是有色黏紙等資材或是天敵、拮抗植物等環保的方式。

捆綁稻草誘集害蟲
在秋天時用稻草或草蓆等將樹幹捆綁一圈，做為害蟲越冬聚集的場所，到了立春，便將之從樹幹取下燒掉。

用刮刀刮掉
用刮刀或牙刷將介殼蟲刮掉或刷掉。

利用廚房清潔劑
在裝有水的容器裡滴入 1、2 滴廚房清潔劑，用手將害蟲撣落至容器裡。

利用不織布隧道棚覆蓋

葉菜類可利用不織布或是防寒紗做成隧道棚加以覆蓋，能防止害蟲的侵入。

防雨措施

種植番茄若能採取防雨措施，不但能預防疾病，也能減少裂果。除此之外，不受雨淋，也能防止病原菌繁殖，或是隨著雨水飛散傳播。

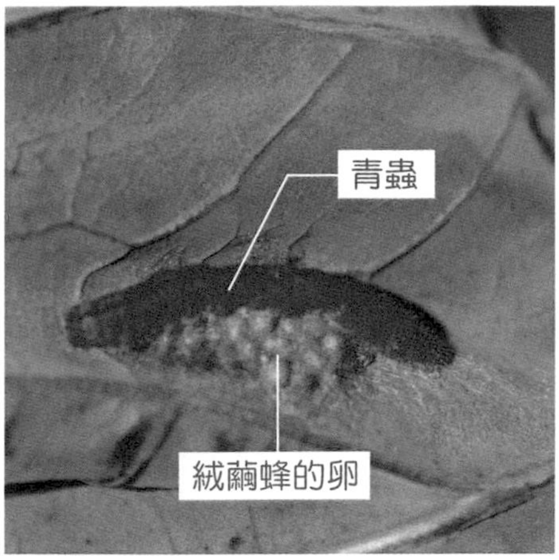

利用天敵

青蟲的天敵，絨繭蜂會在青蟲的體內產卵寄生，能消滅青蟲，所以若看見黃色的卵，把卵去除，不要散布藥劑。

誘蟲黏紙（有色黏紙）

這個方法是利用害蟲喜歡靠近黃色或藍色等特定顏色的特性。黃色能誘引蚜蟲等害蟲，藍色可誘引薊馬。

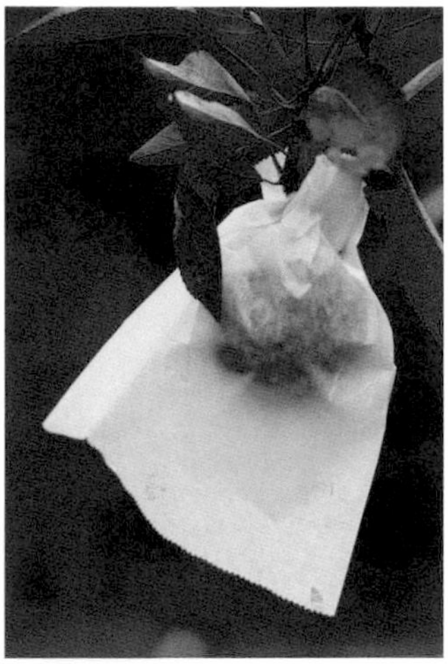

套袋防治法

用套袋包住開始長大的蘋果和水梨等果實，達到防蟲效果。

拮抗植物的利用 ②

高梁有助於薊馬和蚜蟲的天敵的活躍，所以可以將之種植在田裡。

拮抗植物的利用 ①

拮抗植物之一的萬壽菊對線蟲有驅除效果。

關聯項目 園藝栽培曆 →P206 ～ 209

藥劑的種類與特徵

萬一發現病蟲害，在發生初期就採取措施是最重要的。不要忽略植物所發出的警訊，若能在初期發現，並在災害擴大之前就加以處理，就能有效地施用藥劑，使用量也可以變少。

藥劑分為能防治疾病的「殺菌劑」以及能消滅害蟲的「殺蟲劑」。要依據防治害蟲或是防治疾病的目的去選擇適合的藥劑，針對病蟲害類型以及植物種類，有各式各樣不同的藥劑產品，必須了解藥劑的特性，從中選擇最有效果的。

除此之外，務必要確認藥劑是否適用於蔬菜或是果樹等正在栽培的植物。即使只是家庭式菜園，也要遵守使用時期和散布次數等等規定，正確地散布藥劑。

各式各樣的藥劑

防治疾病和防治害蟲的藥劑是不同的。要看清楚標籤，針對害蟲選擇「殺蟲劑」；疾病則要選擇「殺菌劑」，正確地使用才能達到最佳效果。

防治疾病的藥劑

有些植物疾病沒有能夠有效防治的藥劑。所以必須靠著早期發現，避免疾病傳染給其它植株。

若想在得病之前進行預防，可使用能覆蓋整個植物，防止病原菌入侵的「保護殺菌劑」。若已經得病，就要使用「直接殺菌劑」，但在發病初期就散布藥劑是很重要的。

memo

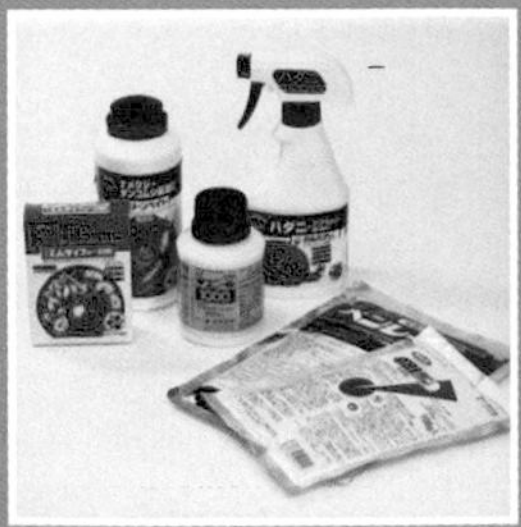

害蟲用殺蟲劑，疾病用殺菌劑，兩者是不同藥劑。務必要確認防治的目的，據以選擇合適的藥劑。

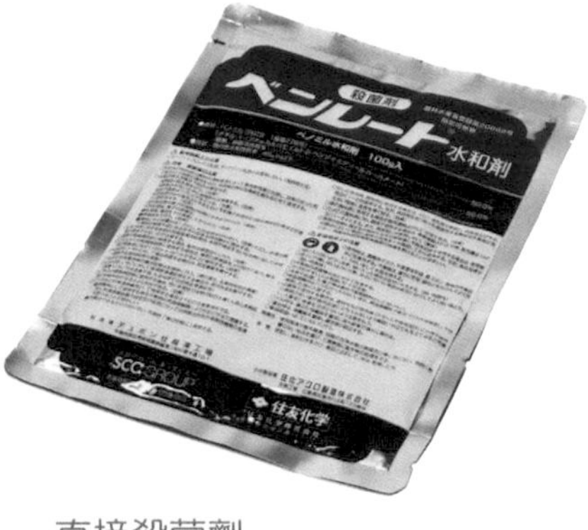

直接殺菌劑

有效成分能滲透至植物裡面，移行至全株，產生作用，消滅侵入組織內部的病原菌。

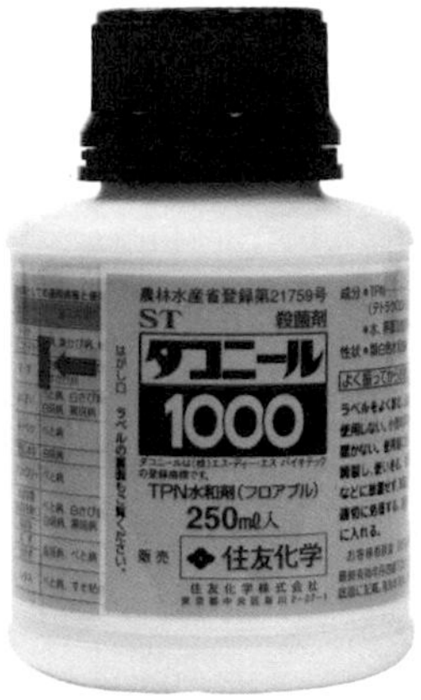

保護殺菌劑

針對容易發生的疾病，提供預防保護的作用，但幾乎大部分的殺菌劑都有這個效果。

防治害蟲的藥劑

害蟲的種類雖然有很多，但若想要立即消滅，請選擇直接施加於害蟲的接觸性藥劑。若想要殺蟲效果持久，可選擇具滲透移行性的藥劑散布在植株基部和莖葉上。針對蛞蝓或是夜盜蟲等夜行性的害蟲，請選會散發氣味誘引害蟲吃食導致死亡的誘殺劑。

接觸性藥劑

無需稀釋，可直接使用的噴灑劑或是噴霧劑，不適合用於大量散布，只適合小範圍的重點式撲殺（有噴灑劑、氣壓噴霧劑、乳劑、液劑與水和劑）。

滲透移行性藥劑

只要施用於植株基部或是植穴裡，就能移行散布至全株。只要施用一次，效果就能持續2～3週，所以能預防蟲害的發生（有粒劑、噴灑劑、液劑與水和劑）。

誘殺劑

對晝伏夜出，晚上才出來啃食植物的害蟲有效果。能夠在害蟲造成危害之前就加以預防（粒劑）。

綠手指的小祕訣！

簡單易用的噴灑劑和氣壓噴霧劑，兩者有什麼差異？

兩者都無需稀釋，直接噴出就可散布藥劑，簡單方便好用。噴灑劑因為不含氣體，所以即使靠近植物散布，也不用擔心會發生植物冷害的情況。散布量以藥液從葉片末端滴落的程度為標準。

按鈕壓下去就能使用的氣壓噴霧劑，因為太過靠近植物會導致冷害，所以散布時要距離植物30公分以上。除此之外，藥液若到了會流動的程度，可能會引起藥害，因此要注意散布量。

噴灑劑（右）和氣壓噴霧劑（左）

關聯項目 園藝栽培曆→P206～209

散布藥劑的重點

在使用藥劑時，務必要看清楚標籤並閱讀說明書，以確認使用方法。在散布藥劑要特別注意不要引發鄰居關切，或是因藥劑飛散導致料想不到的麻煩發生。

白天日照較強的時候，容易導致藥害發生，所以要避免在此時散布藥劑。建議在無風的早晨或傍晚較涼快的時候進行散布作業。

散布藥劑其中一個目的是為了預防，所以不是只針對病葉或是害蟲棲息處散布，葉片背面和植株基部也要散布。散布量以薄薄一層細霧的程度為標準，若是會滴落，就代表用量過多。另外，在散布藥劑時，要以一邊後退一邊散布的方式進行，若一邊前進一邊散布，藥液容易飛撒到自己身上。完成之後，要用香皂清潔身體。

混合藥劑的方法

在混合時要注意不要碰觸到原液。仔細確認標籤，務必按照規定的稀釋倍率去稀釋藥劑。為了不讓藥劑剩餘，每次都要按照必要的用量去混合藥劑。

1
大包裝袋可用湯匙計量。

2
加入展著劑均勻混合，加入少量的水加以攪拌。

3
在規定量的水裡加入藥劑，充分混合。

水溶性藥劑和用具
當散布的面積較廣，或是植物數量較多時，使用能用水稀釋的藥劑是最適合的。利用少量的藥品就能製作出大量的散布液，非常經濟實惠。

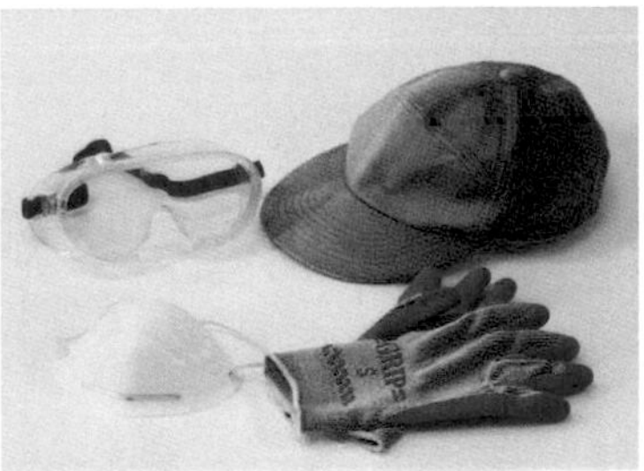

散布藥劑時要準備的物品
為了確保散布藥劑的安全性，需要準備農用口罩、護目鏡、手套和帽子。

散布藥劑時的穿著
散布藥劑時要戴上農藥用口罩、護目鏡、手套，穿上長袖衣服和長褲。盡可能不要讓肌膚外露，以免接觸到藥液。

若藥液會滴落，表示用量過多

洗好的衣服最好拿進室內

葉片背面也要散布

綠手指的小祕訣！

提高藥液的濃度，效果會比較好嗎？

水和劑、乳劑和液劑這類藥劑在使用時要加水稀釋。將藥量增加，提高藥液濃度，並不會讓效果提升，反而會導致葉片長斑，或是葉片變黃乾枯等等藥害的情形發生。相反地，若濃度過低，會無法發揮充分的效果。所以要正確地測量份量，嚴格遵守稀釋倍率的規定。
另外，稀釋過的藥液不好保存，所以每次使用時只調配必要的量就好，若還是有剩餘，請在庭院的角落挖一個淺淺的洞，把藥液倒進去埋起來。藥劑成分會被土壤裡的微生物分解掉。

若有剩餘的藥液，要挖洞把藥劑埋起來。

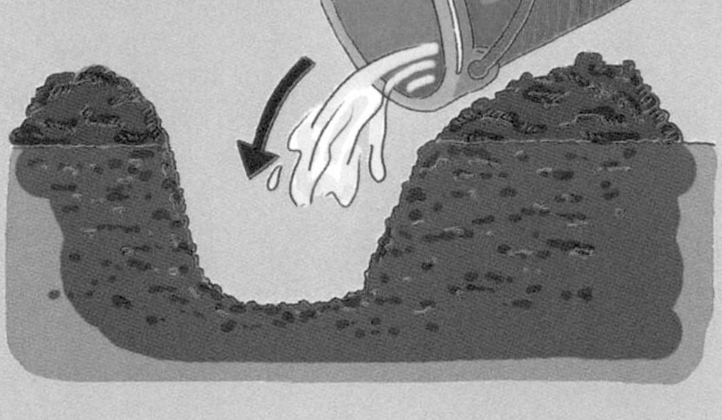

關聯項目　稀釋倍率 →P84／園藝栽培曆 →P206～209

常見的病蟲害

啃食植物體的害蟲，因種類不同，大致上都有特定的發生時期和啃食部位，像是葉、花、莖、幹或根。但是寄生於植物的葉、花或是根，並吸食汁液對植物產生危害的害蟲，通常很小隻，經常一不注意便繁殖成群，所以務必在發生初期就進行除蟲作業。

除了蟲害之外還有病害，葉、莖或花的表面像是鋪了一層粉，或是葉上面長斑點，這類都是具傳染性的疾病。有藉由風、雨、土壤或是害蟲等等各種傳染方式，而且大多有特定的發生時期或發生條件。

了解病蟲害的發生時期和型態，隨時留心注意，力求早期發現，以建立沒有病蟲害的栽培環境。

各種疾病

花上面長霉斑，或是突然枯萎凋謝等等生病的徵狀，雖然很多在疾病發生初期就能注意到，然而跟蟲害不同之處在於，病菌是看不見的，所以在處理上會比較困難。為了阻絕傳染途徑，要時時觀察，以求早期發現。

軟腐病

蔬菜或花的根部、接近地表處的部分會如溶解般地軟化腐爛，並很快放出惡臭，一旦發病，施與藥劑也無效，因此要馬上拔取。十字花科的蔬菜很容易發病，所以要避免連作。

嵌紋病（病毒病）

病毒所引起的疾病，花瓣上會出現條狀斑紋，葉片上會出現馬賽克斑點。無法用藥劑治療，所以要整株拔除。蚜蟲是主要的傳染媒介，所以要加以防治。

白粉病

植物上長白色黴菌，像是被撒上白粉一般，很快地整個葉片就被黴菌所覆蓋。通常是在6～11月發生，黴菌的孢子隨風飛散傳染。不要密植，並保持日照及通風良好以降低發生機率。

灰黴病

花瓣上長褐色斑點，導致花朵腐敗，並蔓延至健康的葉片和果實，最後整個被灰色的黴菌所覆蓋。大多發生在初春至梅雨季這段期間以及秋雨時期。開花後要進行修剪，不要密植以免形成潮濕環境。

各種害蟲

害蟲的體型從 1mm 以下到數公分大的都有。一旦發現蟲害現象，在使用藥劑之前，先採取捕殺措施，若有大量發生的狀況，就要散布藥劑。

金龜子

幼蟲會啃食根部，成蟲會啃食葉片。還有會侵害玫瑰等花卉的豆金龜。金龜子一年發生一代，大多見於5～10月。只要看到成蟲或幼蟲，皆立即捕殺。

青蟲

白粉蝶的幼蟲，會啃食高麗菜等等的葉片。春～秋天可發生數代，初夏～初秋是危害嚴重的時期。

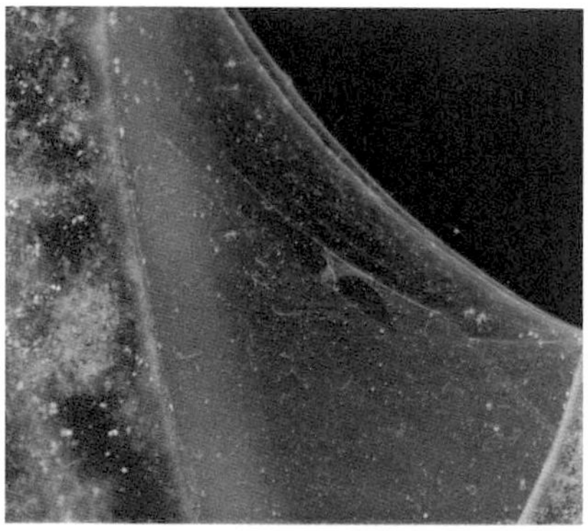

二點葉蟎

以吸食汁液的方式對植物產生危害。有會結網和不會結網兩種類型。一年到頭都看得見，在高溫乾燥時期進行繁殖，耐水能力差，可用噴水霧的方式預防。

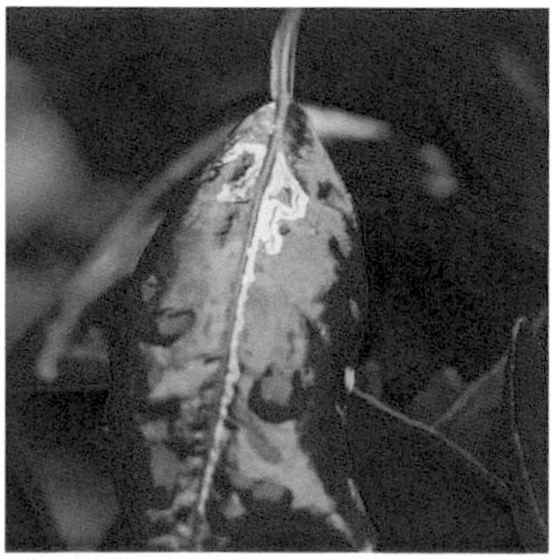

柑橘潛葉蛾

會啃食葉片的害蟲。葉片上會出現如畫圖般的白色線條。新葉生長的 7～9 月是受害最明顯的時期。捕殺幼蟲是防治方法之一。

memo

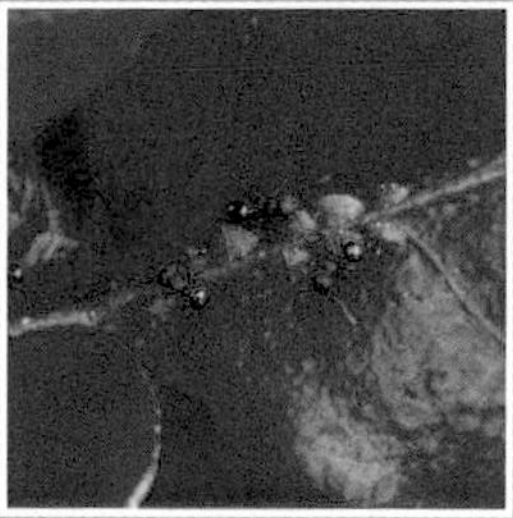

因為螞蟻喜食蚜蟲和介殼蟲的排泄物，會招來害蟲，所以要特別注意。

蚜蟲

會群聚吸食植物的汁液，是嵌紋病的傳染媒介，也是煙煤病發生的原因。發生時期主要在 4～10月。只要發現就要馬上捕殺消滅。

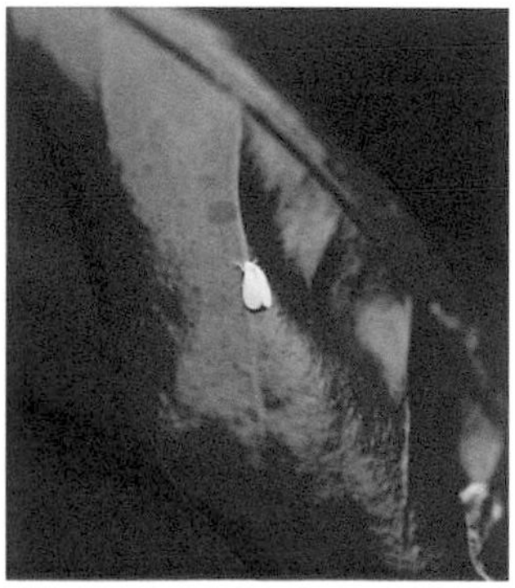

溫室粉蝨

受到搖晃就會飛起的小型有翅昆蟲，會吸食植物汁液，是煙煤病的傳染媒介。發生時期為 5～10月。會寄生於雜草，所以要勤快除草。

關聯項目 健康檢查 →P70

從冬天到早春的園藝作業 12▶3月

利用寒冬進行合適的園藝作業，入春之後的作業就會變得輕鬆。例如針對空的花圃或田地進行粗耕，或是採取天地返作業上下翻土，讓土壤裡的害蟲或卵和病菌等等曝露在寒冷風霜裡，藉以驅除。還有不適用於植物生長期，因為會產生藥害的石灰硫磺合劑，在冬天也可以使用。冬天可說是病蟲害防治的最適時期。

在冬天若能給宿根草花或樹木施寒肥，進行玫瑰花等花木類的整枝、剪修作業，到了開花時期，就有美麗的花朵可以欣賞。

另外，落葉樹的修剪或定植作業，要在開始萌芽之前完成。收集落葉製作腐葉土，冬天也是最適合的時期。

冬天到早春的主要園藝作業

晚秋種下的三色堇、葉牡丹等植物，要用落葉敷蓋或用防寒紗覆蓋，保護它們免受寒冷風霜侵襲。另外，還要為春天種植預先整土，或是給宿根草本植物或樹木施寒肥。

	主要的園藝作業	12月	1月	2月	3月
庭木、花木	剪除松樹的老葉	●			
庭木、花木	落葉樹的冬季修剪	●	●	●	
庭木、花木	施寒肥		●		
庭木、花木	梅的開花後修剪				●
庭木、花木	紫藤的修剪				●
庭木、花木	針葉樹的定植				●
庭木、花木	落葉樹的定植			●	●
庭木、花木	常綠闊葉樹的定植				●
草花	秋播草花的定植	●			
草花	春播草花的播種				●
草花	春植球根的定植				●
草坪	整地				●
草坪	鋪上草坪專用土				●
病蟲害	翻掘土壤	●			
病蟲害	散布石灰硫磺合劑、機械油乳劑		●	●	
病蟲害	拆掉焚燒捆綁於松樹樹幹上的稻草			●	

從春天到初夏的園藝作業 4▼6月

春天是園藝工作開始忙碌的季節。園藝店裡已可看到眾多花苗、菜苗、苗木和盆花擺放出售。

花圃裡也可見草花紛紛綻放，開花後修剪等等的照料，夏天至秋天開花的草花或蔬菜的播種，春植球根的定植，草坪的鋪設與照料，還要進行病蟲害防治，可說是非常繁忙的時節。

初夏時，要掘出球根並貯藏，種植於庭院的宿根草花若高度變高要剪短，杜鵑花類要進行修剪整形。過了這個時期才修剪，來年可能會不開花，要留心注意。這個時候也是花菖蒲、德國鳶尾等等開完花進行移植的適合時期。

春天～初夏的主要園藝作業

法國菊等生長旺盛、開花頻繁的植物，要勤快地進行開花後修剪，但是馬利筋之類的一年生草本植物，要留下一些花梗，供採取來年要播種的種子。

	主要的園藝作業	4月	5月	6月
庭木、花木	茶花、辛夷的開花後修剪	■		
庭木、花木	落葉樹的定植	■		
庭木、花木	針葉樹的定植	■		
庭木、花木	常綠闊葉樹的定植	■		■
庭木、花木	松樹的摘綠芽		■	
庭木、花木	針葉樹的摘芽		■	
庭木、花木	牡丹花的修剪		■	■
庭木、花木	禮肥			■
庭木、花木	杜鵑花類的修剪			■
草花	春播草花的定植	■		
草花	秋植球根的掘出			■
草坪	修剪草坪、除草、一個月施肥一次	■	■	■
病蟲害	定期散布殺蟲劑、殺菌劑	■	■	■

夏季的園藝作業 7▶8月

梅雨季節一過，強烈陽光直射，加上高溫多濕，會讓植物變得衰弱。可以利用防寒紗或遮陽簾製造遮陰處，讓植物順利地越夏。

為了防止乾燥，可用泥炭土或是樹皮碎片等等覆蓋於植株基部，盆栽要在早晚較涼爽的時候大量給水。可在盆栽周圍灑水降低地面的溫度，庭園植物太乾燥時也要給水。

可從初夏開到秋天等花期較長的一串紅、秋海棠、大麗花等草花，因為植株姿態變得不佳，故要剪短至株高的一半左右。追肥作業要在8月下旬前完成。夏植球根的定植也要在8月上旬之前進行。

夏季的主要園藝作業

葉片有斑紋的美人蕉和葉色豐富的彩葉草混植的花圃。美人蕉的葉片比較寬大，剛好替不喜日照的彩葉草提供遮蔽，而將彩葉草剪短，也可讓通風變良好。

類別	主要的園藝作業	7月	8月
庭木、花木	綠籬的修整	■	
庭木、花木	庭木的夏季修剪	■	■
庭木、花木	常綠闊葉樹的定植	■	
草坪	修剪草坪、除草、一個月施肥一次	■	■
病蟲害	定期散布殺蟲劑、殺菌劑	■	■

灑水讓植物更有活力

傍晚之後，可以在盆器周圍大量灑水，替植物降低環境溫度。

敷蓋稻草以防止乾燥

青椒等夏季蔬菜，用稻草敷蓋於植株基部，可以遮蔽強烈日照。

秋天的園藝作業 9▼11月

因為暑氣遠離，涼風初至，要開始著手翌春開花的草花播種等等作業，因此秋天是比春天還要繁忙的季節。相較於春天，播種的適期較短，作業若有延遲，植物就無法在寒冬來臨之前順利發根生長，培育出健壯的植株。

牡丹和芍藥的定植、分株也是在這個時候進行；冬天會枯萎的藍星花和宿根美女櫻等等花圃草花，在此時進行扦插繁殖，必要時放置於室內過冬，到了春天又可欣賞到美麗的花圃。

鬱金香、番紅花、風信子等等秋植的球根植物，11月是定植的適期。每一品種10～20個以上的球根一起種下去，將會變成令人驚艷的花圃。到了晚秋，就要開始準備越冬，將不耐寒的觀葉植物和熱帶花木移至室內。

秋天的主要園藝作業

宿根一串紅有不同的顏色和品種，將不同品種或種類搭配種植，即使到了晚秋，仍可享受賞花樂趣。花期結束之後要進行回剪，用堆肥等等覆蓋植株，做好越冬準備。

	主要的園藝作業	9月	10月	11月
庭木、花木	樹籬的修整		■	
庭木、花木	剪除松樹的老葉			■
庭木、花木	落葉樹的冬季修剪			■
庭木、花木	常綠樹的疏枝	■		
庭木、花木	針葉樹的定植	■	■	
庭木、花木	落葉樹的定植			■
草花	秋播草花的播種		■	
草花	秋播草花的定植			■
草花	秋植球根的定植			■
病蟲害	定期散布殺蟲劑、殺菌劑	■	■	
病蟲害	落葉的處理			■
病蟲害	在松樹樹幹上捆綁稻草		■	
病蟲害	切除櫻花樹染有簇葉病的枝條			■

水生植物的特性與栽培

若想建立水上花園，就一定要對水生植物的特性有所了解。水生植物的生長環境有幾種類型。

像布袋蓮、槐葉蘋這種，葉或花會浮出水面之上，根部在水裡的，屬於「漂浮植物」；根部扎入水底泥中，葉片浮在水面的屬於「浮葉植物」，像是睡蓮、莕菜；根部扎入水底泥中，葉或花浮出水面之上，在陸地也能生存的是「挺水植物」，例如橫斑太藺、燕子花；生長於濕地或水邊，只要有水分就能生長，例如白鷺莞、千屈菜，被稱之為「濕地植物」。

種植水生植物最輕鬆的方式，就是將植物種在盆器裡，然後直接沉入水中。睡蓮或是茶碗蓮都是不錯的選擇。

水邊的植物

有葉子漂浮於水面上的，也有紮根於水邊，地面上的模樣如同一般植物等等各式各樣的水邊植物，可謂種類繁多，因此在開始建立水上花園之前，務必先了解植物的特性。

熱帶睡蓮

需置於陽光直射的場所，但水分蒸散會讓基部露出水面，故管理上要勤於補水，以維持水位。

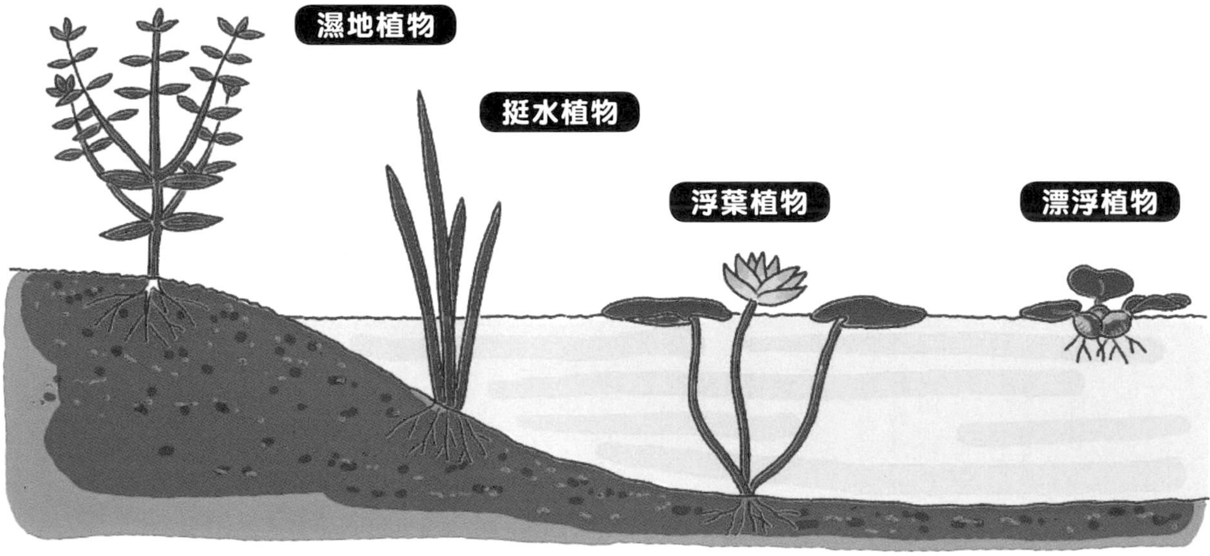

水生植物的栽培方式

購入 6 ～ 8 月上市的盆苗或開花株進行栽培。即便使用 5 號盆也十分具觀賞性。熱帶睡蓮無懼盛夏暑氣，可陸續綻放花朵。

種植的步驟

1 將水慢慢地倒入赤玉土裡。

2 用手充分攪拌混合，直至用手抓握能形成丸狀。

3 利用把土塗抹在壁面的方式，將土填入盆器。

4 小心地將根團從苗盆裡拔出，盡量保持根團的完整。

5 種植時要讓植株基部的芽露出土壤表面。

6 將肥料埋在植株基部附近的土裡。

7 加上標籤，將盆器沉入直徑 25 ～ 40 cm 左右的睡蓮盆裡。

8 置於陽光直射的場所。水位要保持在芽上面 5～20 cm 的位置。

山野草的種植秘訣

山野草雖然不像園藝植物般擁有艷麗華美的外形，但是清新秀麗的花形，楚楚動人的可愛模樣正是它的魅力所在。各式各樣不同的花草隨著季節綻放，洋溢萬種風情。

即使只有一盆，也能讓人聯想到它在高山等嚴峻環境裡依然堅韌生長的模樣，體驗與小自然邂逅的樂趣。

大部分山野草的根部都喜歡空氣，不喜歡盆內一直處於潮濕的狀態。雖然選擇山野草專用，盆底較大的盆器會比較好，但是過大的盆器容易導致盆內過度潮濕，妨礙到根部的呼吸，要特別留意。種植山野草要使用具有適度排水性和保水性，同時透氣性良好的用土。若是用盆栽種植，要放置在環境適合生長且不會淋雨的場所。

選擇容易種植的山野草

種植山野草最困難之處就是越夏。相較於高山植物，一開始最好選擇生長於低地的種類來試著種看看。

大文字草
生長於山區微濕的岩石地帶，置於半日照處，花會開得比較好。每年春天要進行移植。

耬斗菜
適合種於向陽處的山野草。栽培容易但壽命短，所以最好每年播種。

淫羊藿
自生於山區樹林下，春天喜歡向陽處，夏天偏好遮陰處。有很多花色的變異，栽培容易，很受人歡迎。

松本仙翁
要每年移植，全年都要放在陽光可從樹木枝葉間隙穿透的半日照環境。

九輪草

早春適合放在有日照的地方，夏天要放在遮陰處。種植容易，被廣泛用於露地栽培。

紺菊

野紺菊的栽培品種，會在秋天綻放深藍紫色的美麗花朵。全年都要置於通風及日照良好的場所。

油點百合

自生於森林裡的地面或是林緣地區。喜好半日照處，但耐陰性也很強。雖是栽培容易的強健品種，但要留心缺水問題。

根節蘭

冬天至春天喜歡充分日照，夏天喜歡落葉樹下等等形成遮陰的地方。開完花之後的殘花要盡早摘除。

雪割草（三角草）

等不及融雪就綻放可愛花朵。一見到花苞出現，就要移至向陽處。開完花之後要移至不會淋雨的半日照處。

享受盆器種菜的樂趣

像栽培草花一樣，試著在陽台、露台或是窗邊種植蔬菜吧！收獲量雖然少，卻能品嘗到充滿季節感的新鮮美味蔬菜。

在同個場所連續栽種同科植物經常會引起連作障礙的茄科、十字花科、豆科等等蔬菜，若用盆器栽培，只要每次種植時更換用土，就能避免連作障礙的問題。除此之外，盆器能夠搬運移動，可以在任何地方栽培，也是其中一個優點，只是土量受到限制。土量越多，越不費工夫就能生長良好，因此選擇盆器時要留意盆器的深度是否適合所栽培的蔬菜種類。例如巴西里之類小葉片的蔬葉，可選深度10公分的盆器；櫻桃蘿蔔或蕪菁可選15公分；番茄或茄子等植株較大，栽培期間較長的蔬菜必須選深度25公分以上的盆器。

利用盆器種蔬菜

在擺放盆器時，較高的蔬菜要放在後面，小型的葉菜類要放在前面，這樣所有的蔬菜都能接受到日照。由於用盆器栽培，土壤容易乾燥，要更勤於澆水。

並排於露台上的盆器蔬菜
露台日照良好，是喜好日照的蔬菜的最適栽培場所。

用來點綴窗邊
種在盆器，要放在窗邊做裝飾，或是任何地方都可以，機動性高。

馬鈴薯的盆器栽培
根莖類蔬菜要選深度 30 cm 以上，較深的大型盆器或肥料袋來種植。

利用盆器享受蔬菜混植的樂趣

用較大盆器混合栽種蔬菜、香草植物、小果樹、草花等等。巧妙運用高度差異及配色營造出均衡美感。除此之外，將數種葉形和顏色不同的蔬菜進行混植，也是不錯的點子。

利用市售的菜苗進行混植

利用市售的菜苗，就能輕鬆栽培。萵苣的葉子有很多種形狀和顏色，光是用萵苣類蔬菜來混植也很賞心悅目。

能夠長期收穫的蔬菜混植

將收穫期不同的迷你蘿蔔、蘿蔔、抱子甘藍、小白菜混植，就能享受長期收穫的樂趣。

善用不同高低差的蔬菜和香草植物進行混植

1 置於日照及通風良好的場所，等盆土乾燥之後再給水，視生長狀況適度施肥。

2 考量生長高度，栽種的位置要讓所有植物都能接受到日照。需要支撐的植物要設置支柱。

小果樹和蔬菜混植

將紅醋栗的小果樹和不同顏色的高麗菜、皺葉萵苣混植，色彩繽紛。

遮陰庭園的照料

有些地方會因為受到鄰宅或自宅建築物的遮蔽，或是圍牆、樹籬的遮擋而形成遮陰處。這類場所只要天空沒有被遮蔽，還是能栽種植物佈置成庭園。

喜好適度遮陰環境的植物有很多，例如放在向陽處會引起葉燒現象，生長狀況變差的梔子花、鳴子百合、知風草、野芝麻、筋骨草等等是最適合種在遮陰庭園的植物。

除此之外，遮陰庭園的溫度不會急劇變化，也沒有地溫上升的問題，因此遮陰處的植物生長較慢，進而所需的照料也比較少，也是優點之一。

其他像是陽光從枝葉間隙穿透的落葉樹下，被圍牆包圍幾乎曬不到太陽的空間等各式遮陰場所，栽種時都必須選擇能適應遮陰環境的植物。

適合遮陰庭園的植物

遮陰庭院擁有與向陽庭院不一樣的風情。適合種植在遮陰處的花木、宿根草本植物和球根植物也有很多，像是繡球花和山月桂都很漂亮。

秋明菊
喜歡明亮並帶點濕氣的遮陰處。要避免西曬和乾燥的場所。

梔子花
初夏時會綻放散發甜香的白色花朵。即使不修剪，也能維持自然的樹形。

棣棠花
雖然喜歡日照，但是在半日照處也能生長。拱垂而下的枝條上開滿黃色花朵，非常美麗。

百合（東方雜交型百合）

山百合和香水百合偏好半日照處。自宅北側不受西曬的地方是最適合的栽種場所。

聖誕玫瑰

耐寒性強，不耐陽光直射和高溫多濕，所以最好置於落葉樹下之類的半日照處。

玉簪

遮陰庭院的基本成員。帶有斑紋的葉片，美麗程度不遜色於花朵。

蝴蝶花

能耐遮陰，與和風庭園裡的低矮草木非常相襯。也有葉片帶斑紋的品種，能讓遮陰處變得明亮起來。

知風草

若受到夏季陽光直射會發生葉燒現象，所以要種植於半日照處。帶斑紋的黃綠色葉片，能讓半日照處變得明亮起來。

山菊

喜愛半日照到遮陰的環境。秋天時會開出黃色花朵，為庭院點綴明亮色彩。

園藝常見用語解釋

一年生草本植物
指從播種、生長、開花到枯萎死亡，壽命在一年內的植物。

二年生草本植物
從播種到枯死的整個生命週期，歷經一年以上，二年以內。春季播種，當年度不開花，但會持續生長，歷經冬寒，至翌春才開花結果，然後枯死。

多年生草本植物
壽命不只一年，具周而復始的生長週期，存活二年以上的植物。

宿根性草本植物
進入休眠期時，地上部分會枯萎，但到了生長期時，會萌生新芽的多年生草本植物。分為休眠期時地上部分枯萎，只殘留地下部分的類型，以及休眠期會殘留枝葉的類型。

地被植物
覆蓋於庭園地面的植物。一般會使用類似結縷草這種高度較低，生命力頑強的植物。

常綠樹
一整年都沒有落葉期，始終有綠葉的樹木。樹葉通常都能維持一年以上不掉落。

灌木
沒有明顯主幹，從地面根部附近就會分出數根枝幹，樹高不超過2公尺的樹木。

花木
以賞花為目的的木本植物。會開出美麗花朵的庭園樹木的統稱。

針葉樹
葉子呈針狀或鱗狀，大多屬於常綠樹。

耐寒性植物
可以忍耐寒冷，能夠耐受零度以下的低溫，冬季時也能栽種於戶外的植物。

多肉植物
葉片肥厚能儲存水分的植物，耐旱能力強。

果菜類
以食用果實為主的蔬菜，通常會把豆類、水果包含在內。

果樹
會結可食用果實的樹木。草本植物的草莓、西瓜、哈密瓜被歸類為蔬菜，但香蕉被歸類為果樹。

根莖蔬菜
擁有肥大的可食用地下根或地下莖的蔬菜，像蘿蔔或馬鈴薯便屬於這類蔬菜。

球根植物
其生長循環週期跟宿根性草本植物一樣，但是其地下部分不只有根，還有能儲存養分的球根。秋植的球根植物必須歷經冬寒，到了春天才會發芽。

球莖
莖部短縮膨大形成球狀或是卵狀，稱之為球莖。小蒼蘭、番紅花、劍蘭等便屬於球莖植物。

鱗莖
短縮的變態莖外面被許多肉質葉片層層包覆所形成的球根。這些肥厚的葉片被稱為鱗片。鬱金香、水仙花、風信子等便是帶有鱗莖的植物。

根莖
地下莖肥大的球根。美人蕉、德國鳶尾、薑、蓮花都是具有根莖的植物。

塊莖
莖或地下莖肥大形成球狀的球根。不像球莖或是鱗莖擁有薄皮。銀蓮花、仙客來或是馬鈴薯等等便屬於塊莖植物。

塊根
根部肥大的球根。大麗花、蕃薯便擁有塊根。

分球
球根長大之後，會增生子球，將子球從球根分出，長成新的個體。球根類植物經常利用分球進行繁殖。

木子
珠芽的一種。從鬼百合等植物的莖節上長出的小球根。可用來繁殖。

掘出
球根草花開完花、葉子變黃後，將球根從土裡挖掘出來的作業。

上根
百合類植物，從球根長出的地下莖部分所生出的根，稱之為上根。從球根底部生出的根則稱為「下根」，以示區分。

假球莖
儲存養分的蛋形或球形的莖。特別用於洋蘭栽培的名詞。

綠籬
種植樹木所形成的圍牆。

三要素
肥料的三要素，分別是植物特別需要，被稱為葉肥的氮、被稱為花肥的磷、以及被稱為根肥的鉀等三個營養素。

液肥
液體肥料的簡稱。係指呈液態狀的肥料，有的是將原液經過稀釋後使用，有的是將粉末狀肥料用水溶解後使用，也有的是直接使用。具速效性，適合用於追肥，也可以噴灑於葉面。

禮肥
在開花結果之後，帶有感謝之意所施放的肥料。能補充植物在開花或結果時所消耗的能量。具有讓植株恢復元氣的效果。

置肥
在根部置放油粕或骨粉等固形肥料、或是緩效性的化成肥料。隨著每次澆水慢慢溶解，能長期發揮效果的肥料。

寒肥
冬季休眠期間，施放於庭木等植物的根部，能促進入春之後植物的生長。一般會施放有機肥料。

化學肥料
利用化學合成方法製造的肥料，依據裡面所含的成分，可分為單質肥料和化成肥料兩大類。

化成肥料
係指由氮、磷、鉀其中二者之上混合而成的粒狀化學肥料。因為會清楚標示成分比例，請視需要和用途選擇使用。

速效性肥料
施放之後能馬上被植物吸收，發揮效果的肥料。有液肥等等類型。

緩效性肥料
施肥後會緩慢釋放藥效的肥料。

遲效性肥料
緩慢發揮效果的肥料。油粕、骨粉等有機肥料大多屬於這種。無機肥料（化成肥料）裡也有遲效性肥料。

堆肥
落葉、枯葉、家畜糞便經過堆積、發酵而成的土壤改良劑。含有少量的肥料成分。

完熟堆肥
原料裡的有機質完全被分解，已經熟成的堆肥。

基肥
定植或移植時所施加的肥料。可以事先與土壤混合好，或是另外施在根部下方的位置。

氮
肥料的三要素之一。也被稱為「葉肥」。氮不足的話，會造成發育不良或是葉色變淡，葉片也會比較小。其元素符號是N。

氮肥
含有氮的肥料，有油粕、尿素、硫酸銨等氮肥產品。

磷
肥料三要素之一。被稱之為「花肥」。若磷不足，開花和結果的狀況就會不佳。

追肥
植物開始發育後，配合植物的生長狀態所施放的肥料。以具有速效性的液肥或是化成肥料為主。

肥培
透過施肥讓植物生長良好的栽培方式。

肥傷
肥料施用過多，或是濃度過高所導致的生理現象。若是發生在根部，又稱之為肥燒。

稀釋倍率

農藥或液態肥料的原液加水稀釋使用時，水和原液的用量比例。

有機肥

油粕、雞糞、牛糞、骨粉、堆肥等等肥料。屬於緩效性，但有助於土壤改良。有機混合肥料就是用這類肥料混合而成的。

無機肥

用科學方法製造而成的肥料。不像有機質肥料會有味道，因此經常用於家庭園藝。

保肥力

施肥後土壤有效維持肥料成分的能力。有機質含量多，具有團粒結構的土壤，保肥力會提高，也有保存肥料養分能力佳的意思。

排水好，保水力也好

用來形容理想的土壤條件的一種說法。指的就是擁有「團粒結構」的土。擁有團粒結構的土，其土壤粒子聚集成塊，形成小球狀（也就是團粒），這些團粒再進一步聚集結合，使土壤含有各種大小不同的團粒。因為粒與粒之間的空隙大，因此排水性佳，團粒內會蓄積水分，所以保水力也好。

葉面散布

將用水溶解過的肥料或農藥，以噴灑等方式散布在葉面上。

淺植

種植時讓宿根草本等植物之基部的芽露出土表稱之為淺植。球根植物用盆器栽種時因比地植的種植深度淺，亦稱為淺植。

種苗

利用播種、扦插等方法所培育出來的苗。

移植

將草花或樹木的植株，從目前種植的場所移到別的場所重新種植。

疏苗

發芽之後，拔掉部分過於擁擠的苗，讓株距變寬以利生長。

一號花

該植株最早開出的第一朵花或是第一串花序。

殘花

枯死、枯萎或是開完花後殘留未掉落的花朵，稱之為殘花。若無需採收種子，應盡早除去。

花芽

持續生長的話，會結出花苞，在未來綻放花朵的芽稱之為花芽。

花莖

沒有長葉子，為了開花所長出來的莖。

花梗

支撐花朵的莖枝，也有人稱之為花柄。

定植

將樹木或草花種植到最終預定的生長場所。

假植

將苗定植於花圃或盆器之前的暫時性栽種。

植傷

在種植或是移植時所造成的傷害。例如因為切除根部等作業造成暫時停止發育或是掉葉，嚴重的時候甚至導致枯死。

腋芽

相對於從莖的前端長出的芽（頂芽），腋芽是從葉柄基部（葉腋）長出的芽，又稱之為側芽。

珠芽

地上部分長出之球根的子球。跟木子一樣，長大之後會變成大球根並開花。

除芽

為了讓單支莖上開出較大花朵，將不要的芽去除的作業。同樣地，摘除花苞，則稱之為摘蕾。

側芽

也就是所謂的腋芽。

頂芽

位於枝條前端的芽。若是指花芽，則稱之為「頂花芽」。

頂芽（頂端）優勢

係指頂芽生長旺盛，使腋芽的生長受到抑制，無法產生分枝的情形。將頂芽摘除，就能破壞頂芽優勢，促進腋芽生長。

不定芽
從頂芽、腋芽以外的地方所長出的芽。例如從地下莖的節長出的芽。

摘心
枝梢或莖梢嫩芽的摘除作業。進行摘心能促進側芽的生長和分枝的增生。想要抑制徒長或是避免植株長得過大，摘心也能達到效果。

摘綠芽
在松樹開葉前進行的摘除新芽作業。

多主幹樹形
從基部長出3根以上，並立生長的主幹，這樣的樹木生長方式稱之為多主幹樹形。

莖頂
莖部的前端附近。此處的細胞分裂旺盛，並且有生長點。

子房
雌蕊基部膨大的部份。

主幹
從基部開始往上生長的主要枝幹。是所有枝幹當中最粗壯的。

樹冠
樹木葉片生長茂盛的部分。

節間
莖上兩片葉子之間的間隔距離。

徒長
枝條或莖部過度生長延伸的狀態。日照不足或是氮肥料過多容易造成徒長。

盤根
盆栽植物的根部長滿整個盆器，已經無處延伸，無法吸收水分或養分的狀態。

根團
根部在盆土裡充分延伸，根系與盆土結合成花盆狀的土塊，從盆器拔出也會保持那樣的形狀。

細根
係指直徑在1mm以下的細小根鬚，因為可吸收養分和水分，所以有大量的細根生出會比較好。

不定根
從平常不會發根的地方所長出來的根。例如從莖或葉長出來的根。不定根可利用來進行扦插或是壓條繁殖。

走莖
匍匐莖、匍匐枝。四處攀爬蔓延生長，節間較長的莖或藤蔓。節上經常會長出小株。草莓、吊蘭之類的植物會產生走莖。

地下莖
在地底生長的莖。

匍匐莖
請參照走莖。

子葉
種子發芽時最先長出的葉子。其形狀經常和發芽之後長出的本葉有所差異。

葉水
藉由噴霧等方式讓水殘留於葉面。具有提高葉片周圍的空氣濕度、預防二點葉蟎的效果。

葉腋
葉柄的基部。

葉柄
葉片與枝或莖之間的聯繫部分。

葉芽
未來會長成葉子或枝條的芽。持續生長也不會結花苞的芽。

葉燒
容易發生於夏季的白天。因水分蒸散造成葉片枯萎，加上陽光直射，導致部分葉片枯死的現象。

點播
播種的一種方法。間隔一定距離，一個植穴只放一顆或是數顆種子。

直播
直接播種於花圃或是盆器等栽培植物場所的一種播種方式。

條播
係指將種子播種在條狀溝裡的一種播種方式。要先挖好直條狀的播種溝，再將種子埋進去。

撒播
播種的一種方式。全面性地撒落散佈種子。

嫌光性種子
照射到光線會不易發芽的種子。播種之後要覆土，厚度約為種子大小的3倍。

好光性種子
沒照射到光線會不易發芽的種子。播種後的覆土厚度要很薄。

自落種子
成熟後自然掉落於地面的種子。

營養系（無性繁殖系）
不是用播種繁殖，而是利用分株或扦插等方法繁殖出來的植物。

分株
將長大的植株分成數個小植株。除了是繁殖的一種方法，也具有讓植物回春的效果。

休眠
在不適合生長的環境下，植物會暫時性地停止生長，這種情況稱之為休眠。

休眠枝扦插
利用成熟枝條進行扦插繁殖。使用至去年底為止之前所長出的老枝做為扦穗。

扦插
將樹木的枝條切下，插入乾淨的用土裡，讓其發根生長的一種繁殖方式。扦插使用的枝條或莖，稱之為「插穗」，放用土的容器，稱之為「插床」。

密閉扦插法
扦插之後，在未乾燥的狀態下，用塑膠袋等材料包覆，使其處於潮濕狀態，以抑制葉片蒸散水分的一種扦插方法。

鱗片扦插
剝下鱗莖的鱗片做為插穗的一種扦插方法。

壓條法
讓想要繁殖的樹木（親木）的樹幹或枝條上面長出新芽，等根系充分發展之後，再將此帶根之枝條切離親木，培育成一獨立的個體。壓條繁殖分為在枝條或樹幹上割出切口，切口周圍用水苔等物質包覆，促使其發根的「空中壓條法」；將從親株上長出來的年輕枝條埋入土中，促使其發根的「偃枝壓條法」等等方法。可依據想要繁殖的植物去選擇合適的壓條方式。

空中壓條法
在植物地上部分較高的位置進行壓條繁殖。

堆土壓條法
壓條繁殖的方法之一。把植株基部的土堆高，以促進根系發展。

砧木
進行嫁接繁殖時用來承受接穗，有完整根系的樹木。

嫁接
切下想要繁殖的植物的枝條或芽（接穗），接合到別的植物（砧木）上，培育出獨立個體的繁殖方法。依據嫁接方式的不同，分為切接法、芽接法等等。

嫁接苗
以耐病性強的健康品種為砧木，進行嫁接而成的苗。

頂芽插
扦插繁殖的其中一種，係利用帶有頂芽的莖或枝條進行扦插。

根插法
切取根段做為插穗的一種扦插繁殖方法。

葉插法
利用一部分或是全部的葉片進行扦插。分為全葉插、單葉插和葉柄插等方式。

水插法
將切口浸入水中，以促進發根的一種扦插方法。

瓶播
將種子種於塑膠瓶或保特瓶的一種播種方式。

綠枝
入春之後長出的綠色枝條。

綠枝扦插
取暫時停止生長的新梢做為插穗的一種扦插方法。

成活
係指苗在定植於花圃等處之後，開始萌發新根的現象。另外，進行過扦插或嫁接的植物，發根並開始生長的狀況，也稱之為成活。

強剪

用來表示修剪程度的一種用語，將長得過大的樹木縮小，或是將樹木改造成想要的樹形時，將長枝一口氣剪短，稱之為強剪。只將枝條前端剪短的輕剪，則稱為「弱剪」。

回剪

將長得過長的枝條或莖剪掉一部分。回剪能促進之後長出新的強壯枝條或莖，進而增加開花數量，能再次享受賞花的樂趣。

修剪

為了修整樹形或是抑制植物生長而進行的剪切作業，「截剪」、「回剪」、「摘心」、「摘芽」都屬於修剪作業的一種。

疏枝修剪

也可稱為疏剪或疏除。基本的整枝、修剪方式。係指為了增加枝條生長過密之處的空間和通風，將枝條從基部剪去的修剪作業。

誘引

避免藤蔓或枝條糾結凌亂，誘導其往特定位置生長，以調整美化樹形。可設置支柱，並用繩索等物品將枝條固定在支柱上。

結果枝

發生花芽分化，長出花芽並結出果實的枝條。依長度區分為長果枝、中果枝和短果枝。

吸枝

從地下莖或地下根長出的枝條，吸枝跟從植株基部長出的櫱生枝不同，其是從偏離主幹的位置長出來的。

主枝

從主幹長出，構成樹形骨骼的枝條。主幹的頂芽延伸生長的部分也包含在內。

基生枝

生長勢良好的新枝。經常特別用來稱呼從地面長出的枝條。

新梢、新枝、一年枝

在當年度長出來的枝條。也有人會特別將生長勢良好的新枝稱之為基生枝。

前年枝

2年枝。前一年長出的新梢。跨年度的新梢。

整枝

透過修剪、摘心、腋芽剪除，設立支柱、誘引等等作業，修整樹形和姿態。

側枝

從主枝或亞主枝長出來的小枝。

短果枝

長果實的枝條（結果枝）當中，容易結花芽的枝條，長度大多在10公分以下。

長枝

長得較長的枝條。將長枝剪短能促進結果枝的生長。

幹生枝

粗樹幹長出的小枝。從地面往上1～2公尺的地方長出來。徒長枝裡面長得特別強健的長枝條。

徒長枝

生長勢強，往上延伸，幾乎只長葉芽的長枝條。

櫱生枝

從植株基部長出，生長勢強的枝葉。從嫁接苗的砧木上長出的砧芽，也屬於櫱生枝的一種。

不良枝

會打亂樹形，妨礙其它枝條生長的枝條，因此通常都會從枝條基部切除。

容水空間

或稱滯水空間。澆水時，盆器上部可以讓水暫留的空間。在換盆時，用土不必完全填滿盆器，務必要保留容水空間。

植株間距

植株中心到相鄰的植株中心的距離。這個間距應依據植物的大小調整。

植株基部

植物的根部，植物與地面接觸的部分。

地際部

植物與地面接觸之交界處附近的地上部分。

防寒紗

做成像網子一樣有網孔的布，具有遮陽的作用，也可用來做為防寒、防風的保護資材。

苦土石灰

是指含有苦土（鎂）的園藝用石灰。在種植場所撒上苦土石灰，並充分翻土，具有調整土壤酸度的作用，同時兼具肥料的效果。

結果習性

果實生長的習性。結花芽的方式、花和果實著生方式等特性。

更新

將老舊枝條切除，促進新枝條或年輕枝條的生長，以更新枝條，或是利用扦插讓植株新生都屬於更新的一種方法。

盆器

泛指所有為了栽種植物，在底部設置排水孔的栽培容器。底部沒有開孔的稱之為「套盆」。

共榮作物

種在植物的附近，或是混合種植，具有減低病蟲害的效果的植物稱之為共榮作物。

遮光

用防寒紗等資材覆蓋以遮擋光線。

稻草覆蓋

在植株周圍或是整個栽培場所鋪滿稻草，護根覆蓋的其中一種方式。具有防乾燥、保溫的效果，還可以防止因為下雨而造成的泥水飛濺。

下葉枯萎

著生於靠近枝條或莖的基部的葉子發生枯萎現象。通常是由於植株枝葉過密等因素造成通風不良，或是日照不足所引起的。

耐暑性

能夠耐受暑熱的特性。

耐病性

不容易生病的特性。

根腐病

過度給水或是通風不良，造成根部腐爛、衰弱。一旦發現，通常都為時已晚。

中耕

利用降雨或是給水，將變硬的土壤輕度翻掘疏鬆，讓空氣和水分的流通變好。

天地返

主要於冬天進行的一種整土方法。將花圃或農地的土壤挖掘至60～80公分深，把下層的土翻至地表。

客土

植物種植場所的土壤不適用時，從別處運來優質土壤，放入種植場所。這種外來土就稱為客土。

培土

為使根系充分生長延伸以防止倒伏，將土壤往小苗或植株的基部堆積。

水苔

不可或缺的盆栽栽培材料。屬於酸性，吸水性和保水性皆佳。會單獨使用於洋蘭、山野草或是觀葉植物，但因為容易腐敗，故不要使用超過2年。

泥炭土板

用泥炭土製成的板狀播種用土。

樹皮碎片

用針葉樹的樹皮做成的片狀栽培介質。有各種不同的大小尺寸。

培養土

數種土壤或是堆肥、肥料混合調配而成，做為種植花盆容器植物時的栽培用土。

覆土

播完種之後，將土覆蓋上去的動作。種子分為最好要覆土的嫌光性種子和不覆土能促進發芽的好光性種子，要特別注意。

腐葉土

櫟樹、櫸樹、山毛櫸、椎樹、枹櫟等樹木的落葉經過堆積、腐化分解而成的土壤，有助於植物根部的發展。

腐植質

落葉或堆肥等有機質，經過堆積腐爛發酵而成的物質。

土壤改良材料

為了調配出最適合植物生長的土壤，所混入土裡的物質，常使用的有堆肥、腐葉土。

土壤酸鹼度

土壤酸性的強度，用PH值來表示。PH值7代表中性，比7小代表酸性，大於7則是鹼性。

微塵
能通過網眼1mm大小的篩子，非常細小的塵土。盆土裡若含有微塵，會造成透氣性和排水性變差，因此有去除的必要。

隧道棚
蔬菜播種完或是定植之後，在田裡設立支柱，並用塑膠布或是防寒紗覆蓋，形成隧道狀的棚子。

上盆
將實生苗或是扦插苗從目前種植的育苗箱移至個別的小盆器內。有時也用來指將庭園種植的草本或木本植物移植至盆器的情況。

盆底石
為了提升排水性，填入用土前先於盆器底部放入輕石等介質。

斷根作業
移植之前，預先將根部的一部分切除，促使其萌發細根，以提升移植之後的成活率的一種準備作業。有時花木為了促進開花，也會將部分根部切除。

發根劑
進行扦插時，塗在插穗基部，能促進發根的荷爾蒙劑。

半日照
一天當中會在上午或下午接受到3～4小時的日照，或是陽光穿過樹木枝葉間隙灑落下來的日照程度。

浮動式覆蓋
播種之後或培育幼苗時，利用防寒紗等資材，不設支柱，直接覆蓋在整個植地上的一種防護措施。除了防寒、防風，也具有防蟲的效果。

蒸散
植物體內的水分，以水蒸氣的形式從葉片等處向外散失的現象。

缺水
植物體內水分不足的一種狀態。

浸水處理
進行扦插或切花時，將切口浸入水中，使其吸收水分。

水鉢、水圍
樹苗在進行地植時，為了給水，將植株基部包圍所做成的土壁。除此之外，水鉢有時是指用來蓄水以栽培植物的盆器。

澆水
又稱給水，也就是提供植物水分。用盆器栽種植物時，若用水管等方式給水，可能會妨礙根部發育，對植物造成不良影響，最好用有蓮蓬頭的澆水壺輕柔地澆水。

腰水
在淺容器裡放水，將盆器放進水中，讓植物從盆器底孔吸水的一種給水方式。這種栽培方式雖然適用於濕地植物，但一般盆花容易造成根部腐爛，要特別注意。

護根覆蓋
用堆肥、稻草、樹皮碎片或是泥炭土等材料覆蓋植株基部的一種栽培作業，具有防乾燥、防寒、防暑和防雜草的作用。利用PE材質的塑膠膜進行覆蓋的栽培方式稱之為地膜覆蓋。

越冬
以冬季期間不枯死、入春啟動生長的狀態渡過冬天稱之為越冬。

水和劑
殺菌劑的一種形態。將細碎的有效成分，加水攪拌變成糊狀，按照規定的水量進行稀釋。

連作
在同一個場所，連續栽種同種類或同科的植物，稱之為連作。有些植物種類會因為連作而引起連作障礙，導致植物生長不良。

園藝名詞索引

ㄅ

ㄆ

ㄇ

ㄈ

ㄉ

ㄊ

ㄋ

ㄌ

ㄍ

ㄎ

ㄏ

ㄐ

ㄑ

園藝新手
植物栽培圖鑑

剛開始接觸花草，不知道什麼植物比較容易種植養護？在此分類推薦120種適合居家栽培的入門型植物，只要搭配書中各類植物的養護方式，人人都能享有花木扶疏、生意盎然的美麗花園。

暖季草花

01 孔雀草
光線 ☼☼☼ 水分 💧💧

葉片有特殊氣味，全株與根部分泌物能防治土壤線蟲。有單瓣、半重瓣、完全重瓣等花形。

●形態：一年生草本
●花色：橘紅到黃色。

02 千日紅
光線 ☼☼☼ 水分 💧💧

別名圓仔花，整個夏日都是花期，病蟲害少，栽培容易。剪下花莖垂掛，還可製成乾燥花。

●形態：一年生草本
●花色：以紫紅為主，還有白色、粉色。

03 桔梗
光線 ☼☼☼ 水分 💧💧

一般栽培是矮性品種，適合用於花壇或盆花。花型有單瓣和重瓣兩種，根部是常用的中藥。

●形態：多年生草本
●花色：以紫色最常見，另有白、粉紅等變化。

04 松葉牡丹
光線 ☼☼☼ 水分 💧

耐旱性強的草花，重瓣品種的花朵造型像牡丹。枝條柔軟匍匐，用於花壇、盆花、吊盆皆適合。

●形態：多年生草本
●花色：白、粉紅、黃、橘、桃紅等。

05 蔓性夏堇
光線 ☼☼☼ 水分 💧💧💧

夏堇與倒地蜈蚣雜交的系統，具有枝條匍匐的特徵。不耐旱，高溫期要注意充足給水。

●形態：多年生草本
●花色：桃紅、粉、粉紫、紫色、黃。

06 醉蝶花
光線 ☼☼☼ 水分 💧💧

植株比其他的草花高大，常用於造園景觀，花色雅緻又有花香。開花期間要注意土壤保持濕潤。

●形態：一年生草本
●花色：淡桃紅色、桃紅色、紫色、白色。

07 馬齒牡丹
光線 ☼☼☼ 水分 💧

主要花期為夏秋兩季，晨開昏謝，但枝多花多，開花不斷，群植時非常壯觀，適合栽培於花壇。

●形態：多年生草本
●花色：紅、桃紅、黃、橘、白等色，亦有雙色花瓣。

08 羽狀雞冠花
光線 ☼☼☼ 水分 💧💧

花序為尖塔形，色彩鮮明瑰麗，適用於花壇、盆栽、切花。喜好全日照及排水良好土壤。

●形態：一年生草本
●花色：紅色系、橙色系、黃色系。

04 三色堇

光線 水分 ●●

花色繽紛花形可愛，植株矮小，約 15 ～ 20 公分。需要充足日照才能開得好。

●形態：一年生草本
●花色：除了單色，還有上下花瓣各不同色的許多變化。

05 萬壽菊

光線 水分 ●●

花朵構造緊緻如摺紙藝術。別名臭菊，因花葉有特殊的氣味。

●形態：一年生草本
●花色：多為黃、橙色系。

06 羽葉薰衣草

光線 水分 ●●

氣味淡薄通常不作為香草使用，葉片是細緻的羽狀裂葉。陽光充足開花較多，喜好涼爽乾燥。

●形態：多年生草本
●花色：紫色。

07 五彩石竹

光線 水分 ●

花朵上的圖案為放射狀的同心圓紋，小巧精緻，花期可達三個多月。

●形態：多年生草本
●花色：白至紅色，有各種花紋變化。

08 非洲鳳仙花

光線 水分 ●●●

品種眾多，有單色花瓣或滾邊、花心成星形等變化。陽台、窗台皆適合種植。

●形態：多年生草本
●花色：紅、紫紅、桃紅、粉紅、白、橘。

09 一串紅

光線 水分 ●●

花序像爆竹，能為年節帶來喜氣。花後要即時剪除殘花，可促進再開新花。

●形態：多年生草本
●花色：紅、橘、紫色、白等。

涼季草花

01 大波斯菊

光線 水分 ●●

適合將種子撒播繁殖成一片花海，株高 50 ～ 150 公分，花期長，每 10 天追加開花肥。

●形態：一年生草本
●花色：白、黃、粉紅、桃紅等。

02 金魚草

光線 水分 ●●

花形類似金魚尾巴，也有花瓣完全裂開、形似龍頭的品種。冬至春季開花。

●形態：一年生草本
●花色：紅、橘、黃、粉紅、紫，以及雙色品種。

03 百日草

光線 水分 ●●

以重瓣和半重瓣居多，株高從矮性 20 公分，到切花用的 100 公分皆有。

●形態：一年生草本
●花色：紅、黃、白、粉紅、橘色。

四季草花

01 矮牽牛

光線 ☼☼☼ 水分 ●●

花型類似牽牛花，但植株較低矮，花大而艷麗，是陽台美化的主流植物。

● 形態：多年生草本
● 花色：全色系都有。

02 黃波斯菊

光線 ☼☼☼ 水分 ●●

生性強健、耐濕性強，對溫度不敏感，四季皆可栽培、開花。

● 形態：一年生草本
● 花色：橘、黃。

03 藍星花

光線 ☼☼☼ 水分 ●●

全年皆可開花，分枝性佳，用於花壇、吊盆、盆栽皆宜。

● 形態：多年生草本
● 花色：藍色。

04 四季秋海棠

光線 ☼☼☼ 水分 ●●

花色與葉色變化都具有觀賞性，極容易照顧。在高冷地可以全年開花。

● 形態：多年生草本
● 花色：白、桃紅、粉紅等。

05 長春花

光線 ☼☼☼ 水分 ●●

生性強健，花冠五裂有如風車的造形，因為在高溫期能延續開花不輟而有「日日春」的別名。

● 形態：多年生草本
● 花色：白、粉、桃、紅、紫等。

06 粉萼鼠尾草

光線 ☼☼☼ 水分 ●●

形似薰衣草但沒有氣味，花序細瘦單薄，要種植成片才有較高觀賞價值。

● 形態：多年生草本
● 花色：藍、紫、白。

07 向日葵

光線 ☼☼☼ 水分 ●●

全年都可以播種繁殖，一般會避開颱風季節種植。植株高大，適合較大的空間栽培。

● 形態：一年生草本
● 花型有單瓣、多瓣、單花、多花之分，花心有黑、深綠、淺綠等。

08 蜀葵

光線 ☼☼☼ 水分 ●●

別名一丈紅，可以長到近 3 公尺高，全株壯觀華麗，適合用於花壇背景，或成排種植。

● 形態：一年生草本
● 花色：紅、桃紅、粉紅、白色等。

09 蔓性馬纓丹

光線 ☼☼☼ 水分 ●●

枝條纖細，能匍匐地面或下垂生長。幾乎全年開花，有良好的覆蓋效果。

● 形態：多年生草本至蔓狀灌木
● 花色：粉紫、白色。

水生植物

01 黃花菱
光線 ☼☼☼　水分 💧💧💧

根部生長於水下的濕泥中。喜歡溫暖與充足日照。冬季如遇寒流低溫會休眠，可移至溫暖處以維持生長。

02 大萍
光線 ☼☼☼　水分 💧💧💧

常見於各地池塘及溼地。生長迅速生命力強旺，很容易成片繁殖，要注意控制數量。

03 小穀精草
光線 ☼☼☼　水分 💧💧💧

一年生的挺水或沈水植物，植株叢生，如果是盆栽，可在盆底加個水盤，使盆土常保濕潤。

04 荷花
光線 ☼☼☼　水分 💧💧💧

全日照栽培，介質使用肥沃壤土或黏土，需適量加水保持水位。荷花凋謝後，花托即為蓮蓬，地下莖則為蓮藕。

05 睡蓮
光線 ☼☼☼　水分 💧💧💧

葉面浮貼於水面上，全日照栽培，介質使用肥沃的田土。迷你品種，使用小水盆就可栽種。日照不足會使它開花不良。

06 龍骨瓣莕菜
光線 ☼☼☼　水分 💧💧💧

多年生浮水葉，根莖長在水底土中，葉片會隨著水位高低升降，花期近全年，可觀賞、食用、藥用。

07 水金英
光線 ☼☼☼　水分 💧💧💧

是由國外引進的園藝觀賞植物，開花時花莖挺出水面，淡雅的黃花甚為美麗，強健容易栽種。取子株或走莖即可繁殖。

08 銅錢草
光線 ☼☼　水分 💧💧💧

喜歡溫暖潮濕、全日照環境，適合栽植於水盤、水族箱、水池。剪取地下走莖，直接植入土中，就可以迅速生根發芽。

09 印度莕菜
光線 ☼☼☼　水分 💧💧💧

需栽培於陽光充足的地方，否則很難開花。喜好高溫，夏季開花繁盛，冬季休眠。

多肉植物

01 月兔耳
光線 ☼☼☼
水分 💧

葉片有圓葉及狹葉，狀似小兔子的耳朵，佈滿白色絨毛，觸感特殊。葉緣前端有咖啡色、褐色或黑色鑲邊斑紋。

●科別：景天科 ●型態：夏型種

02 乙女心
光線 ☼☼☼
水分 💧

葉色粉綠，葉片聚生於莖頂呈圓棒狀，表覆白粉，具有保護作用。日照充足與低溫的環境下，葉片末端易呈紅色。

●科別：景天科 ●型態：春秋型種

03 虹之玉
光線 ☼☼☼
水分 💧💧

葉片螺旋狀排列對生，狀似小圓棍，葉色墨綠有光澤，全日照或低溫環境下，葉片易從末端泛紅。

●科別：景天科 ●型態：冬型種

04 雅樂之舞
光線 ☼☼☼
水分 💧

銀杏木的斑葉品種，在全日照下能讓葉片顯色更明顯，葉緣紅色更突出。可以鐵絲纏繞固定作為盆景觀賞。

●科別：馬齒莧科 ●型態：夏型種

05 綠珊瑚
光線 ☼☼
水分 💧

植株上端分枝多，葉已退化為不明顯的鱗片狀，少數散生於小枝頂部。植株可達 3 公尺，枝條生長相當繁密且快速。

●科別：大戟科 ●型態：

06 寶草
光線 ☼☼
水分 💧

葉片末端膨大，透明度高，質地飽滿，有綠色透明不規則線條，葉緣呈鋸齒。過度日照會使葉色焦黃。

●科別：百合科 ●型態：冬型種

07 綠之鈴
光線 ☼☼
水分 💧

莖蔓細長可達 90 公分，葉圓球形，表面有一道柳葉型的透明縱紋，串珠般的肉質葉可匍匐生長，或種植於吊盆。

●科別：菊科 ●型態：冬型種

08 愛之蔓
光線 ☼☼
水分 💧

具蔓性，可匍匐於地面或懸垂，欣賞其特殊的心形葉片。喜好明亮的散射光，葉腋處會長出圓形塊莖，稱做「零餘子」。

●科別：蘿藦科 ●型態：夏型種

09 黃花新月
光線 ☼☼
水分 💧

莖枝長且纖細，呈紫紅色，能匍匐於地面生長。夏季會有休眠落葉的情況。秋至春季伸出細長的花梗，會開出黃色花。

●科別：菊科 ●型態：春秋型種

10 臥地延命草

光線 ☼☼☼ 水分 💧💧

生長快速，極易成活，葉片圓滾肥厚，有如迷你葡萄，葉緣呈小圓齒狀，具垂吊特性，可作為吊盆種植，花色為紫色。

●科別：唇形科 ●型態：冬型種

11 蝴蝶之舞錦

光線 ☼☼☼ 水分 💧

蝴蝶之舞錦為蝴蝶之舞的變異種。葉色粉紅，覆有白粉，葉片有不規則乳白斑紋，葉緣有凹痕。春季會開花。

●科別：景天科 ●型態：夏型種

12 唐印

光線 ☼☼☼ 水分 💧

葉色淡綠或黃綠，覆有濃厚的白粉，看上去呈灰綠色。如陽光充足，葉緣有紅色鑲邊及暈染，有如可口脆片

●科別：景天科 ●型態：夏型種

13 筒葉花月

光線 ☼☼ 水分 💧

葉色鮮綠有光澤，老熟莖部會木質化，造形特殊如同史瑞克的耳朵，觀賞趣味十足。冬季時葉頂截面邊緣會轉成紅色。

●科別：景天科 ●型態：夏型種

14 新玉綴

光線 ☼☼☼ 水分 💧

葉片渾圓肥厚如珠，葉色粉綠，前端呈圓形，葉表覆白粉，長度約 1.5 公分，須留意葉片極易掉落。

●科別：景天科 ●型態：冬型種

15 天錦章

光線 ☼☼☼ 水分 💧

葉片呈長圓形，前端較寬呈波浪狀，底端接近圓柱形。葉色灰綠，葉面有白色或紫色斑點。植株多為 20 公分以下。

●科別：景天科 ●型態：冬型種

16 虎尾蘭

光線 ☼☼ 水分 💧

葉片帶有斑紋，造型單純，質感厚實不易損壞，可在室內維持較久的觀賞時間。但若是過於陰暗，葉子易發黃。

●科別：龍舌蘭科 ●型態：夏型種

17 虎之卷

光線 ☼☼ 水分 💧

莖短而厚，葉片約 3～5 公分，肉質肥厚，葉形呈片狀，由中間向外依序生長，觸感略硬，葉色深綠，花朵為橘紅色。

●科別：百合科 ●型態：冬型種

18 四海波

光線 ☼☼ 水分 💧

葉片肥厚呈三角形，排列緊密幾乎無莖，葉緣有軟刺呈細毛狀，葉表觸感光滑。花在下午才會展開，花朵色黃。

●科別：番杏科 ●型態：春秋型種

觀葉植物

01 美鐵芋

光線 ☼☼ 水分 💧

葉片肥厚，又稱金錢樹。儲水力強，不需時常澆水。

TIP：性喜溫暖，冬季寒流來襲時，應特別留意防寒。

02 馬拉巴栗

光線 ☼☼☼ 水分 💧

耐陰性強，在室內有燈光照明處也能生長。造型豐富多變。

TIP：進入冬天生長緩慢，須控制澆水量，保持盆土濕潤即可。

03 粗肋草

光線 ☼ 水分 💧💧

耐陰性與抗病性佳，品種繁多，葉片寬闊，可吸收空氣中有毒污染物。

TIP：通風不良，易得葉腐病，放置室內要保持通風。

04 黃金葛

光線 ☼☼ 水分 💧💧

適應性強，是室內綠化最常用的植物，葉面帶有黃色斑紋，光線越強，黃斑越明顯。

TIP：性喜多濕，可使用水耕栽培觀賞。

05 楓葉天竺葵

光線 ☼☼☼ 水分 💧💧

葉片有掌狀的缺刻，形狀有如楓葉，帶有橘綠色的色斑，小巧優雅。

TIP：秋～冬季可以全日照，葉片的紅斑部分會更鮮明。

06 斑葉毬蘭

光線 ☼☼ 水分 💧

厚實且帶有乳斑的藤蔓耐旱力佳，在光線明亮處可以開出如球的花序。

TIP：盆土避免積水，以免爛根。

07 腎蕨

光線 ☼☼ 水分 💧💧

青翠的葉片蓬鬆質感細緻，能為空間帶來舒適綠意。

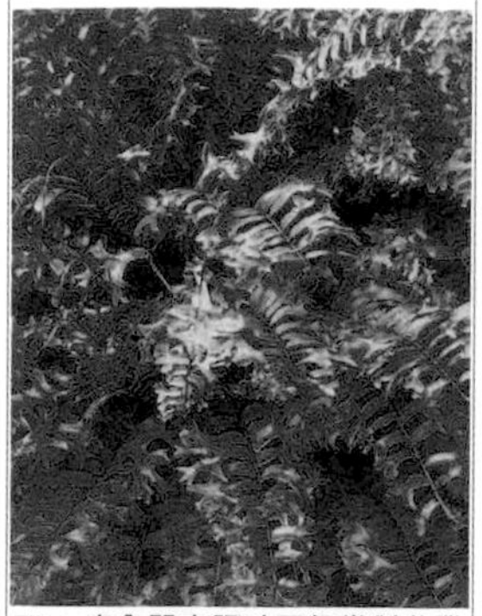

TIP：室內開空調時可經常對葉叢噴水，保持新芽的健康美觀。

08 彩葉草

光線 ☼☼ 水分 💧💧

容易栽培且觀賞期長。葉色會依溫度、品種、日照的不同而有所變化。

TIP：若是葉色漸漸黯淡，請移到光線更充足的地方。

09 白鶴芋

光線 ☼☼ 水分 💧💧

雪白色的苞片，能散發清新幽雅的味道，是少數可以在室內開花的植物。

TIP：耐陰性佳，盆土略乾即可澆水。

10 變葉木

光線 ☼☼☼ 水分 💧💧

喜好高溫多濕的環境，葉色有黃、橙、紅、綠、紫紅等混合組成斑紋、條紋或斑點等變化。

TIP：需要充足的日照，葉片才能顯現出美麗的斑紋或斑點。

11 合果芋

光線 ☼☼ 水分 💧💧

葉色變化多，具有很強的適應性，土耕、水栽都可以生長。

TIP：不宜長期處於陰暗環境，以免葉片色彩消失。

12 南天竹

光線 ☼☼ 水分 💧💧

葉片細緻美觀，是常見的造園植物，耐陰也耐寒，容易養護。

TIP：常當做綠籬景觀設計，具有寧靜致遠的意象。

13 阿波羅千年木

光線 ☼☼　水分 💧

生長緩慢，環境適應性強。葉叢緊緻，很適合轉角等較窄小的空間使用。

TIP：避免陽光直射，十分耐旱，土全乾再澆水。

14 印度橡膠樹

光線 ☼☼　水分 💧

葉片如皮革般厚實。具有抗汙染、抗乾旱的特性，生長強健很少有病蟲害。

TIP：夏季澆水量略增，冬季避免寒風吹襲。

15 吊蘭

光線 ☼☼　水分 💧💧

色澤鮮綠又帶有乳白色條狀斑紋，且有垂下的走莖，是絕佳的吊盆植物。

TIP：喜半陰，不要直接暴曬陽光，以免葉尖乾枯。

16 薜荔

光線 ☼☼　水分 💧💧

適合溫暖潮濕的環境，作為盆栽使用有薄嫩透綠的葉片可供欣賞。

TIP：不耐旱，土壤要保持濕潤、經常噴水。

17 常春藤

光線 ☼☼　水分 💧💧

重要的吊盆植物，葉片有美麗的斑紋，室內種植注意葉片不要乾燥。

TIP：高溫容易生長衰弱，以半日照為主。

18 百萬心

光線 ☼☼　水分 💧

心形葉片對生，質地厚實耐旱，垂曳姿態優雅，是優質好照顧的吊盆植物。

TIP：氣溫低於 10 度時，應移到較溫暖處，以免寒害。

19 錦葉葡萄

光線 ☼　水分 💧💧💧

常綠蔓藤植物，葉面綠、淡綠、黑褐、銀色交織，具有絨布質感，莖為紅色，觀賞效果佳。

TIP：適合半日照環境，太過陰暗則葉片色彩變淡。

20 觀葉秋海棠

光線 ☼　水分 💧💧💧

觀葉秋海棠是葉片奇詭多變的一類，葉片薄嫩，主要在欣賞葉形、葉色與斑紋變化。

TIP：在澆水時盡量不要澆到葉片，以避免腐爛。

21 嫣紅蔓

光線 ☼　水分 💧💧💧

常用作室內小品植物觀賞，葉面佈滿紅色、粉紅色或白色斑點，葉色鮮艷美麗。

TIP：避免陽光直射，但若是過度陰暗，葉面斑點會逐漸淡化。

22 朱蕉

光線 ☼☼☼　水分 💧💧

品種繁多，葉色除了紅、綠、白之外，還有多色混合，富有熱帶風情，秋天可見開花。

TIP：生長需要充足光線，可讓葉色鮮明。

23 竹芋

光線 ☼　水分 💧💧

葉紋多變、葉色光亮，原產於熱帶地區，喜歡高濕度環境。

TIP：使用排水性佳的介質，可施葉肥促進生長。

24 黃金絡石

光線 ☼☼　水分 💧💧

葉片上有大面積的金黃色斑紋，嫩葉的斑紋常呈紅銅色。枝條纖細，可表現曼妙的姿態。

TIP：嫩莖略有萎凋就立即澆水。

球根花卉

01 百合

光線 ☼☼ 水分 💧💧

有姬百合、葵百合、香水百合等種類，具有濃香，是傳統名花，象徵神聖、高貴。

02 孤挺花

光線 ☼☼☼ 水分 💧💧

是台灣最普及的球根植物，每到春天就會抽出花梗。花朵碩大豔麗，極為耀眼。

03 大麗花

光線 ☼☼☼ 水分 💧💧

喜好陽光充足、通風涼爽不悶熱的環境，花朵才會美麗盛開。

04 風信子

光線 ☼☼☼ 水分 💧💧

選擇飽滿沉重、沒有腐爛或病斑的球根，可以水耕或土耕，不須施肥。

05 葡萄風信子

光線 ☼☼☼ 水分 💧💧

購買進口球根，可先冷藏催花到 11 月中下旬再種植，有助於生長開花。

06 鬱金香

光線 ☼☼☼ 水分 💧💧

花形花色繽紛有如酒杯。選購飽滿沉甸的健康球根，可採土種或水耕。

07 彩色海芋

光線 ☼☼☼ 水分 💧💧

花色有白、黃、紅色、混色等變化，株高 30～100 公分，耐旱怕溼，栽培於肥沃疏鬆的介質中。

08 薑荷花

光線 ☼☼☼ 水分 💧💧

苞片造型如荷花，夏季盛花期。土乾再澆水；冬季休眠地上葉片會乾枯。

09 小蒼蘭

光線 ☼☼☼ 水分 💧💧

球根整顆埋入土中，覆土約 5 公分。12～4 月開花，開花後可移入室內聞香。

10 仙客來

光線 ☼☼☼ 水分 💧💧

秋冬季以盆花上市，花色多樣，部分品種有甜甜花香，可以賞花到初夏。

11 水仙

光線 ☼☼☼ 水分 💧💧

一莖多花、花小而芳郁。從球根開始栽培到開花，約需 25～30 天。除了土種，也可水耕。

12 韭蘭

光線 ☼☼☼ 水分 💧💧

又稱風雨蘭，常因連續雨水的滋潤便開花，粉紅色花朵小巧秀麗。

庭園喬木

01 白水木

光線 ☼☼☼
水分 💧

葉片銀灰白色，生性耐強風與耐鹽，近年十分流行。

●推薦原因：葉色特殊、線條感強烈。

02 羅漢松

光線 ☼☼
水分 💧💧💧

枝葉硬挺，也較耐蔭蔽，定期修剪，就能維持樹型，景觀設計常使用。

●推薦原因：四季常綠，適合造型。

03 緬梔

光線 ☼☼☼
水分 💧💧

又名雞蛋花，生長快速，花瓣外部乳白色，花心暈染鵝黃色。

●推薦原因：花期特長，觀賞性高。

04 黃槐

光線 ☼☼☼
水分 💧

樹姿優美，常綠喬木，開明豔的黃色花，性喜高溫，耐旱又耐熱。

●推薦原因：幾乎全年開花，常年滿枝金黃。

05 落羽杉

光線 ☼☼☼
水分 💧💧💧

樹形挺直，是景觀造景最受歡迎的樹種之一，特別適合北台灣種植。

●推薦原因：樹形優雅、四季生態分明。

06 豔紫荊

光線 ☼☼☼
水分 💧💧

喜好溫暖濕潤又耐熱。花期全年，花開在枝條頂端，酷似嘉德麗雅蘭。

●推薦原因：花形花色有如洋蘭般美豔，花期極長。

07 楓香

光線 ☼☼☼
水分 💧💧

掌狀葉三裂成三角形，果實球形針刺狀。樹性強健，耐乾旱。

●推薦原因：秋冬可欣賞楓紅，具季節感。

08 刺桐

光線 ☼☼☼
水分 💧💧

樹態優美，公園、行道樹、庭院綠化的優良樹種。花期4～10月。

●推薦原因：開花有如一長串紅色爆竹，十分喜氣。

09 流蘇

光線 ☼☼☼
水分 💧💧

3～4月樹冠上盛開雪白的花朵，花瓣細長有如流蘇狀。

●推薦原因：花白如雪，適宜作為開花性景觀喬木。

庭園灌木

01 鵝掌藤
光線 ☼☼ 水分 💧💧

有著圓圓鈍鈍的掌狀複葉，生命力強，耐修剪、耐旱又耐蔭。

● 推薦原因：葉形與成串顏色鮮明的果實，都是欣賞重點。

02 杜鵑
光線 ☼☼☼ 水分 💧💧

充足日照可以開花更繁盛，3、4 月為主要花期。適合酸性土壤生栽培。

● 推薦原因：生命力強，滯塵效果佳，可以發揮清淨空氣的功能。

03 七里香
光線 ☼☼☼ 水分 💧💧

揉搓葉片，會有濃郁類似柑橘的味道。花期夏到秋天，果實橢圓形。

● 推薦原因：常綠，成簇的白花綻放時，會有一股濃郁的撲鼻香氣。

04 仙丹花
光線 ☼☼☼ 水分 💧💧

常綠小灌木，花期長，於夏季盛放，全日照環境成長最佳。

● 推薦原因：橙紅色的小花密生呈球型，相當喜氣。

05 金露花
光線 ☼☼☼ 水分 💧💧

生性強健，耐修剪，花有白、淡紫、紫色，也是蜜源植物。

● 推薦原因：果實黃橙可愛，兼具賞花與觀果價值。

06 狀元紅
光線 ☼☼☼ 水分 💧💧

春季開花秋冬季賞果，果實紅豔討喜能吸引鳥類取食。

● 推薦原因：兼具賞花與觀賞紅色果實價值。

07 梔子花
光線 ☼☼☼ 水分 💧💧

初夏開花，花朵淨白，香氣濃郁類似茉莉，有分為單瓣與重瓣的品種。

● 推薦原因：葉片翠綠光澤，四季常綠。

08 藍雪花
光線 ☼☼☼ 水分 💧💧

枝條伸長後呈半蔓性，夏天花會開淺藍色的花，集生如繡球狀。

● 推薦原因：栽培花樹籬笆，十分美麗。

趣味蔬果

01 百香果
光線 ☼☼☼ 水分 💧💧

屬於爬藤類水果，可在陽台或庭園棚架栽種，既有綠蔭又兼具採果之樂。

● 收穫期：第一波 6～7 月，第二波 8～9 月。

02 番茄
光線 ☼☼☼ 水分 💧💧💧

適合春秋季種植，盆栽土壤深度要有 40 公分以上，需要架設支柱，以免倒伏。

● 收穫期：播種到採收約 60～90 天，溫度高會較早成熟。

03 檸檬
光線 ☼☼☼ 水分 💧💧💧

常綠小喬木，居家栽種，建議選購無子品種，種在黏質壤土的產量比沙質土的產量大。

● 收穫期：6～8 月結果，剪下時不用留蒂頭。

04 長實金柑
光線 ☼☼☼ 水分 💧💧

俗稱金棗，喜好冷涼、水分充沛。果實為橢圓形，果肉飽滿，與皮可以一起食用。

● 收穫期：一年開花結果一次，約在過年期間。

05 四季橘

光線 ☼☼☼
水分 💧💧

俗稱金橘，常作為象徵吉祥的年節盆栽，果實圓滿而金黃。開花前施加含磷肥比例較高的肥料，以促進開花、結果。

●收穫期：開花到結果要4個月，每年可結果達3至4次。

06 草莓

光線 ☼☼☼
水分 💧💧

可於入秋時購買小苗來栽培。開花後2、3天就可看出果實形狀，成熟轉紅即可採收。

●收穫期：結果期約11月底開始，可多次採收。

07 火龍果

光線 ☼☼☼
水分 💧

生命力強，全年皆適合種植，3月可略施肥促進開花結果。花朵似曇花，也具觀賞價值。

●收穫期：11月～5月為產果期，7、8月份果實最甜。

08 辣椒

光線 ☼☼☼
水分 💧💧

喜歡溫暖乾燥、充足日照，辣椒成熟轉色即可採收，風味最好。採收後可追肥促進後續開花結果。

●收穫期：播種到採收約2、3個月，約可採收達3個月之久。

09 甘藷葉

光線 ☼☼☼
水分 💧💧💧

喜好高溫多濕，可剪取生長良好的枝條來扦插，成功率高。

●收穫期：夏天10～15天採收一次，冬天20～30天採收一次。

10 蔥

光線 ☼☼☼
水分 💧💧💧

使用含有機質的黏質土壤，株距5～10公分，生長旺盛期應施加氮肥，後期地下部生長期則補充鉀肥。

●收穫期：幼苗到採收約3、4個月。

11 蘿蔓

光線 ☼☼☼
水分 💧💧

適合秋冬春季種植，病蟲害較少，環境不要太過潮濕。可先以穴盤育苗，經7～10天即可移植。

●收穫期：種植後約40～45天可收成。

12 茼蒿

光線 ☼☼☼
水分 💧💧💧

栽培使用黏質或砂質土壤，適合低溫而長期的日照。可整株採收或從外層葉片依序摘採。

●收穫期：播種到採收約25～35天，株高約20公分。

13 芹菜

光線 ☼☼☼
水分 💧💧💧

芹菜性喜冷涼，15～22℃最適合栽種。由於根系淺、耐旱力弱，種植需要濕潤的土壤和空氣條件。

●收穫期：種植大約40天後，見莖部挺拔，葉片青翠便可以採收。

14 紫蘇

光線 ☼☼☼
水分 💧💧💧

一年生草本植物，適合春季播種種植，需要定期摘心，促增側芽生長，土稍乾即澆水。

●收穫期：播種～採收約2、3個月，剪取新鮮葉片使用。

15 蕹菜

光線 ☼☼☼
水分 💧💧💧

別名空心菜、應菜，喜歡溫暖多濕的環境，生長速度快，可用播種或扦插方式。夏、秋季開白色或淡紫色喇叭狀花。

●收穫期：播種到採收約25～35天。

16 莧菜

光線 ☼☼☼
水分 💧💧💧

將種子浸泡5小時催芽，晾乾後與土壤攪和均勻，撒在栽培之處並覆蓋一層薄土。對水分的吸收快速，生長期間要充分澆水。

●收穫期：播種到採收約20～30天，株高約20公分可採收嫩莖、葉。

超圖解！園藝新手栽培大全

大判 これだけは知っておきたい園芸の基礎知識

監　　修　金田 初代
譯　　者　謝薾鎂、謝靜玫
社　　長　張淑貞
副總編輯　許貝羚
主　　編　王斯韻
責任編輯　鄭錦屏
封面設計　謝佳惠
特約美編　謝薾鎂
行銷企劃　曾于珊
版權專員　吳怡萱
發 行 人　何飛鵬
事業群總經理　李淑霞
出　　版　城邦文化事業股份有限公司　　麥浩斯出版
E-mail　cs@myhomelife.com.tw
地　　址　104 台北市民生東路二段 141 號 8 樓
電　　話　02-2500-7578
傳　　真　02-2500-1915
購書專線　0800-020-299
發　　行　英屬蓋曼群島商家庭傳媒股份有限公司城邦分公司
地　　址　104 台北市民生東路二段 141 號 2 樓
電　　話　02-2500-0888
讀者服務電話　0800-020-299（9:30AM~12:00PM；01:30PM~05:00PM）
讀者服務傳真　02-2517-0999
劃撥帳號　19833516
戶　　名　英屬蓋曼群島商家庭傳媒股份有限公司城邦分公司

香港發行城邦〈香港〉出版集團有限公司
地　　址　香港灣仔駱克道 193 號東超商業中心 1 樓
電　　話　852-2508-6231
傳　　真　852-2578-9337
新馬發行　城邦〈新馬〉出版集團 Cite(M) Sdn. Bhd.(458372U)
地　　址　41, Jalan Radin Anum, Bandar Baru Sri Petaling,57000 Kuala Lumpur, Malaysia.
電　　話　603-9057-8822
傳　　真　603-9057-6622

製版印刷　凱林印刷事業股份有限公司
總 經 銷　聯合發行股份有限公司
電　　話　02-2917-8022
傳　　真　02-2915-6275
版　　次　初版10刷 2024 年 4 月
定　　價　新台幣 420 元／港幣 140 元
Printed in Taiwan

國家圖書館出版品預行編目（CIP）資料

超圖解！園藝新手栽培大全 / 金田初代監修；
謝薾鎂，謝靜玫譯．-- 初版．-- 臺北市：麥浩斯出版：家庭傳媒城邦分公司發行，2017.01
　面；　公分
譯自：大判 これだけは知っておきたい園芸の基礎知識
ISBN 978-986-408-232-2(平裝)

1. 園藝學 2. 栽培

435.11　　105022737

《大判 これだけは知っておきたい園芸の基礎知識》
● 攝影 ———— 金田洋一郎
● 相片提供 ———— ARS PHOTO PLANNING
● 插畫 ———— 竹口睦郁
● 設計・DTP ———— 村口敬太、寺田朋子（STUDIO DUNK）
● 編輯協力 ———— （株）帆風社

OOBAN KORE DAKE HA SHITTEOKITAI ENGEI NO KISOCHISHIKI